CAKE

瑞昇文化

C O N T E N T S

滑潤、鬆軟。
無人不愛的法式磅蛋糕

甜點初學者也可以輕鬆上手！

法國各地有名的甜品蛋糕店裡，擺放許多裝飾精美的磅蛋糕。

最近，在知名的甜點專賣店中最吸引眾人目光的應該非「法式磅蛋糕（重奶油蛋糕）」莫屬了。滿布各種水果的「法式水果磅蛋糕」、香味濃郁且充滿魅力的「法式巧克力磅蛋糕」、充滿清淡酒香的「法式栗子磅蛋糕」⋯⋯。俐落流線的外型充滿令人陶醉的時尚感，美麗的外表絲毫不輸給花俏的小蛋糕，除此之外，種類也非常豐富多樣化。

光看外表，會覺得親自動手做是一項艱鉅的不可能任務，但其實法式磅蛋糕源自於英國的磅蛋糕，只要將材料混合攪拌均勻，再放入烤箱中烘烤即可，所以初次製作甜點的人也不難輕鬆完成。

誕生於英國，成長於法國

使用各一磅的奶油、雞蛋、砂糖和麵粉所製作出來的蛋糕，因此取名為磅蛋糕，其中添加水果的磅蛋糕飄洋過海到法國，雖然沿用英文發音「cake」，但法式磅蛋糕多了法國人的細膩與時尚，外觀或有些許不同，但不變的是深受眾人喜愛的風味與口感。

美味可口、外觀華麗，常溫下可以保存數週的磅蛋糕，最適合用來送禮。雖然製作過程只有簡單的烘焙，但其實只要稍加裝飾，依然能夠創作出如同法式精美小甜點那般色香味俱全的成品。

加入黑棗乾與堅果的丹地水果蛋糕（Dundee cake）。樸素的外觀是英國傳統蛋糕的特色。

六大重點，初學者也能輕鬆上手

作法非常簡單，只要掌握重點，初學者也可以擁有專家級的手藝。

1 需用好的材料

基本材料是奶油、砂糖、雞蛋和麵粉四種。種類雖少，但材料的品質會大幅影響成品的味道，所以務必選用新鮮的好材料。

2 精準的份量

些許的份量改變可能招致失敗，所以務必準確秤量。

3 確實做好事前準備

奶油的硬度、雞蛋的溫度、烤箱等等都要按照食譜確實準備妥當。從開始作業前至最後的完工，都要不斷地確認，在腦中想像整個過程，如此一來就能夠使作業更加順暢。

4 均勻攪拌雞蛋和奶油

磅蛋糕的基底材料由奶油加上蛋液均勻攪拌製成。因油水分離的特性，務必確實均勻攪拌。只要攪拌得夠充分，即便靜置一段時間，蛋液與奶油也不會分離，外觀看起來也會更加滑潤。若沒有充分攪拌，不僅無法順利膨脹，口感也會變差。製作時請注意參照書中的照片，確認基底材料的狀態。

5 飽含空氣

攪打奶油與砂糖時，或者打發蛋液與砂糖時，都要拌入大量空氣，這樣烘烤出來的磅蛋糕才會鬆軟可口。切記要充分打發，飽含空氣。

6 細膩的裝飾

出爐的成品既美味又美觀，最後的裝飾當然也不能馬虎。所以，最後一道裝飾手續一定要格外精細，讓磅蛋糕看起來既有光澤又精緻可口。

材料　特別挑剔的是奶油和雞蛋！

選用新鮮、優質的材料是作出美味磅蛋糕的捷徑。

5種基本材料

砂糖

砂糖不僅提供甜味，還能夠使烘烤過後的磅蛋糕色香味俱全。這本書中提到的「砂糖」，全都是可以使烘烤出來的成品具有濕潤感的白砂糖。但有時候會因為香料和配料食材的不同而混用三溫糖、黑糖或楓糖。

無鹽奶油

務必使用不加鹽的奶油。建議購買新鮮的奶油，一旦開封，盡快使用完畢。另外，奶油容易沾附味道，保存時要在奶油銀紙外面包覆一層保鮮膜或乾淨的塑膠袋，確實密封後再放進冰箱。

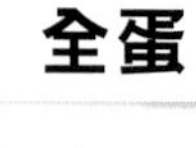

全蛋

新鮮的雞蛋比較容易和糖融合在一起，要確實測量雞蛋的重量，盡量選用大型，一顆淨重60g左右的雞蛋。

低筋麵粉

麵粉有低筋麵粉、高筋麵粉等好幾種，製作磅蛋糕時多用低筋麵粉。以高筋麵粉製作的蛋糕不容易膨脹且口感較硬，不適合用來製作磅蛋糕。若直接將麵粉倒入攪拌盆中，可能會有結塊的現象，最好以網篩過篩後再使用。麵粉開封後要置於陰涼處保存，並且盡早使用完畢。

發粉

發粉可以使麵糊膨脹。加入太多發粉的話，不僅會過度膨脹，吃起來還會有苦澀味，因此務必準確秤量所需份量。另外，可以如同使用低筋麵粉的方法，先倒在小碗中，方便邊搖晃邊倒入基底材料中。

器具和裝飾用材料

糖粉

糖粉就是將白砂糖研磨成細粉狀的糖，亦稱為裝飾糖。容易溶解於水、檸檬汁、甜露酒中，也可用於製作蛋糕裝飾時的糖霜。糖粉分為沒有添加物的純糖粉和添加玉米澱粉的糖粉兩種，使用哪一種都可以。

果乾

堅果

果乾和堅果可以直接加入麵糊中，也可以撒在表面作為裝飾，用途廣泛又方便。無花果、黑棗等較大的果乾要添加在麵糊中時，可以切成1cm的大小，因為不切小一點的話，這些配料食材可能會因為過重而沉到麵糊底部。至於堅果類，生堅果比較不香，可先用烤箱稍微烘烤，待其冷卻後再加入麵糊中。

防潮糖粉

所謂防潮糖粉，就是糖粉表面裹了一層油，直接撒在蛋糕上也不會潮解，色澤亮白且持久。可以在烘焙原料店裡購買。

果醬

在磅蛋糕表面塗抹果醬，能夠使最後的成品更有光澤。杏桃果醬（左）的顏色和香味適合搭配各種磅蛋糕，相當方便。另一方面，若想要莓果的顏色或活用莓果的酸味，可以選用樹莓果醬（右）。兩種果醬都可以在超級市場中購得，若果醬中有果粒的話，先使用茶葉濾網過濾果粒，讓果醬更滑潤後再使用。若要購買一開始就沒有果粒的果醬，可以前往烘焙原料店選購。

器具　只要有這些器具，一切OK！

只要使用合乎份量的適當大小的器具，就不會有NG的情況發生。

秤量器具

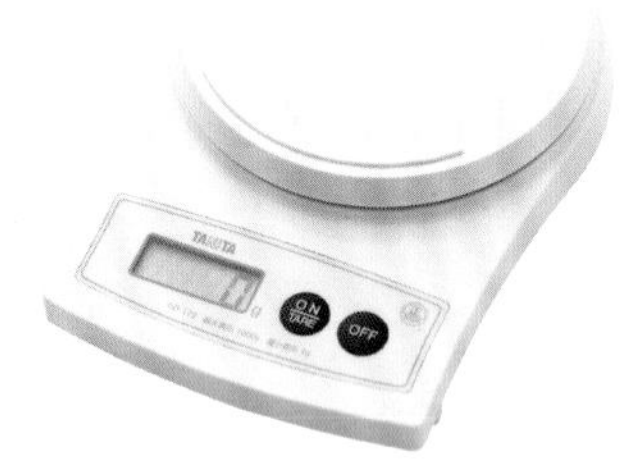

電子秤

精準計量食材是一個非常重要的步驟。要將磅蛋糕烤得漂亮美味，就要精準秤量每一種食材。另一方面，因為發粉或可可粉等所需份量非常少，建議選用以1g為單位的電子秤。

量匙

量匙方便用來計量發粉或甜露酒等使用份量極少的材料。1/2茶匙為2.5ml、一茶匙為5ml、一中匙為10ml、一大匙為15ml。

攪拌器具

大小攪拌盆各1個

直徑21cm左右的鋼盆最適合用來攪拌麵糊。攪拌盆太小的話，不方便以攪拌機拌合食材或攪拌麵粉；反之，攪拌盆太大的話，麵糊不容易集中，也就無法將食材、麵糊均勻拌合。另一方面，要在磅蛋糕上勾勒出大理石紋路，或者在麵糊中加入不同香料時，最好另外準備一個直徑14cm左右的小攪拌盆會比較方便。

手提攪拌機

為了在麵糊中拌入大量空氣，建議使用能夠高速拌合材料的手提攪拌機。若沒有攪拌機，就只能使用打蛋器多加把勁了！

橡皮刮刀

橡皮刮刀可用於拌開麵粉或攪拌麵糊。建議使用有長把柄且具有十足彈性的橡皮刮刀。

網篩

用來過篩麵粉。網格不需要太細，但最好要有把手，方便使用。

烘烤

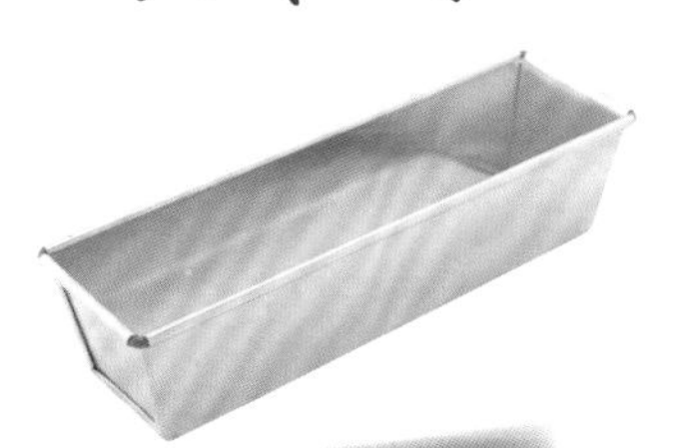

長型磅蛋糕烤模

書中所有磅蛋糕皆使用長21cm×寬5.5cm×高5cm的長型磅蛋糕烤模製作。若烤模是馬口鐵材質，為避免生鏽，記得清洗過後要立刻擦乾，並利用烤箱的餘溫確實烘乾。若是不鏽鋼材質，就比較不用擔心生鏽問題。

烤焙紙

烤焙紙亦稱烘焙紙。鋪在烤模裡或烤盤上，可預防麵糊的沾黏。市面上有很多種烤焙紙，建議使用表面光滑的烤焙紙，比較容易脫模。

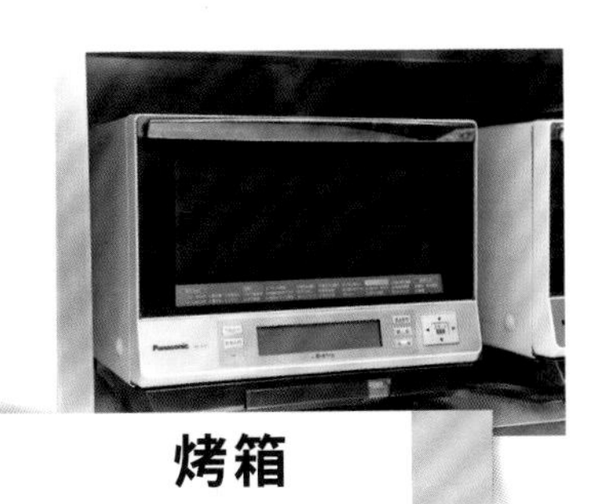

烤箱

無論是電烤箱或瓦斯烤箱皆可。但請特別注意，即便設定溫度相同，火力大小會依機種的不同而有所差異，也因此會有烤焦的情況發生。所以，請多嘗試幾次，確實掌握家中烤箱的火力，並且視情況對食譜上建議的溫度和時間進行調整。

手套

從高溫烤箱中拿出烤盤，或者從烤模中取出蛋糕時，使用質地較厚的工作手套可避免手部燙傷。

最後裝飾

擠花袋

可用來盛裝霜飾或披覆巧克力。使用拋棄式的塑膠材質擠花袋，用完即丟，省去事後清理的麻煩。

毛刷

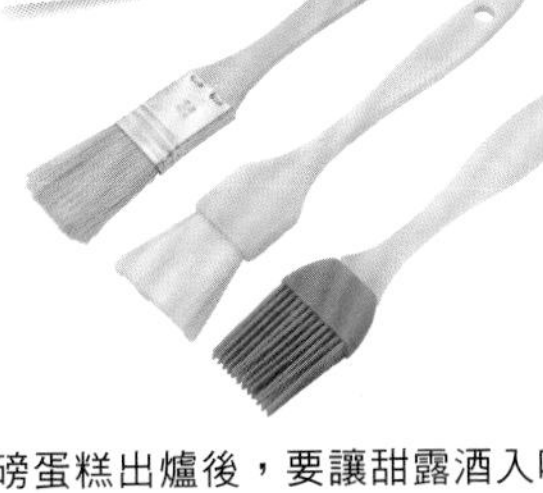

磅蛋糕出爐後，要讓甜露酒入味，或者塗抹果醬時，可以使用毛刷。建議使用耐高溫的矽膠刷或豬毛刷。

刀具

準備鋸齒狀的鋸齒刀和小型蔬果刀，方便削切磅蛋糕表面等較為細部的作業。處理巧克力或堅果等較硬的配料食材時，建議使用一般菜刀。

糖粉篩罐 茶葉濾網

撒防潮糖粉時，可以使用糖粉篩罐。若只是要在磅蛋糕邊緣撒上一些糖粉作為裝飾，建議使用糖粉篩罐。若沒有糖粉篩罐，也可以使用茶葉濾網，輕敲濾網邊緣讓糖粉慢慢撒落。

抹刀

磅蛋糕出爐後，要裹上霜飾或者塗抹裝飾用巧克力時，可以使用抹刀。建議使用長度約20cm的小型抹刀。

STEP 1

相同食材製作出「滑潤」與「鬆軟」兩種口感

學會2種基本款！

首先，讓我們一起使用基本材料製作最簡單的法式磅蛋糕。
這裡將為大家介紹兩種口感的磅蛋糕。一種是「滑潤口感」磅蛋糕，
在奶油中依序加入砂糖、蛋液和麵粉；另外一種是「鬆軟口感」的磅蛋糕，
先將蛋液和砂糖打至發泡，再加入奶油和麵粉充分拌合。
雖然使用相同的材料，但只要改變材料加入的順序與混合的方式，
就能夠製作出截然不同的口感，而這就是磅蛋糕神奇的地方。
只要事先將材料和烤模等器具準備妥當，並且按照步驟確實做到，
一定可以製作出色香味俱全的法式磅蛋糕！

製作麵糊前，先準備烤模

若將磅蛋糕麵糊直接倒入烤模中，蛋糕容易沾黏在烤模上。
為了完美脫模，烘烤前要先準備好烘烤模具。作法有兩種。

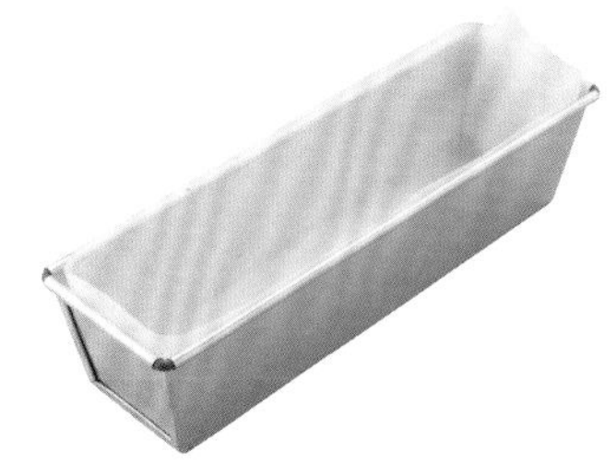

鋪上一層烤焙紙

依照烤模的尺寸裁剪烤焙紙，緊密貼合鋪在烤模裡。想讓磅蛋糕呈現完美無瑕的光澤，建議使用這種容易脫模的方法。只需要利用剪刀裁剪烤焙紙，作法非常簡單輕鬆，事後也不需要再費功夫清洗烤模。想製作滑潤口感的磅蛋糕，或者想在磅蛋糕表面加以裝飾，適合選擇鋪烤焙紙的這種方法。

1 將烤模置於烤焙紙上，裁剪一個每邊多5cm的長方形。沿著黃色線摺起來，沿著紅色虛線剪開。左右兩側稍微剪短一些，這樣比較容易鋪在烤模裡。

2 緊密貼合的鋪在烤模裡。為了不使烤焙紙與烤模之間有縫隙，角落部位也要確實鋪好烤焙紙。

塗抹奶油，撒上高筋麵粉

在烤模內部均勻塗抹一層奶油，然後再撒上高筋麵粉。比起使用烤焙紙，這種方式可以將磅蛋糕的底面和側面烤得更美，若要將底面加以裝飾當作正面用，或者蛋糕較為鬆軟以致於難以剝離烤焙紙的類型，就可以選擇這種方法。撒太多麵粉的話，磅蛋糕會有厚重的麵粉感，所以薄薄撒上一層是關鍵所在。使用低筋麵粉也可以，但高筋麵粉會比較輕薄。

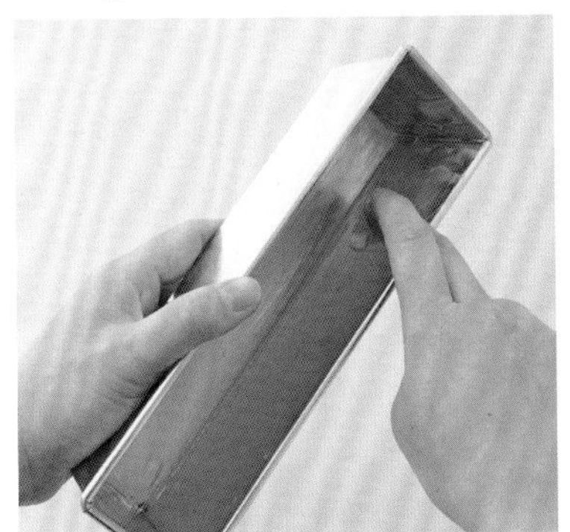

1 以手指或毛刷將在常溫下軟化的奶油塗滿整個烤模內側，然後放入冰箱中凝固。

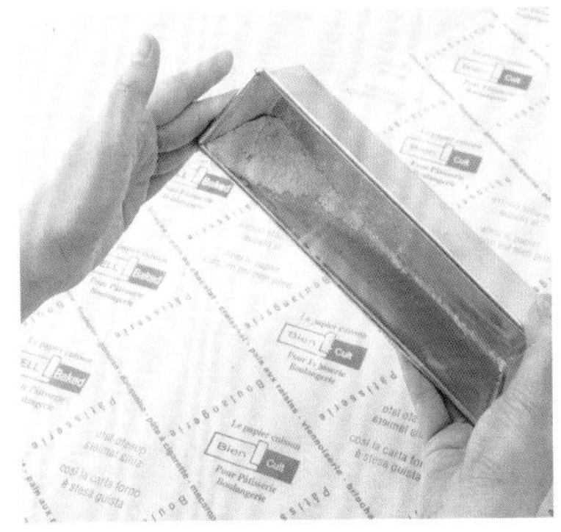

2 將1大匙的高筋麵粉倒入烤模中，傾斜搖晃烤模，讓高筋麵粉散布在烤模的每個角落。

3 將烤模倒扣在紙上，輕敲幾次，倒出多餘的麵粉。為了不使奶油融化，在倒入麵糊之前，暫時先置於冰箱冷藏室。

奶油、砂糖、蛋、麵粉，依序攪拌均勻

滑潤口感的法式磅蛋糕

將四種材料依序
加入一個攪拌盆中，
就這麼簡單。
拌合所有食材，
添加香料等步驟都非常容易，
幾乎所有法式磅蛋糕
都是這樣完成的。
首先，本書將為大家介紹
在基本麵糊中加入刨絲柳橙皮，
一款充滿清爽口感的法式磅蛋糕。
除此之外，大家也來一起
挑戰一下簡單的蛋糕裝飾吧！

特色

- □ 紋路細膩，口感滑潤。
- □ 果乾或堅果等配料食材充分拌合在麵糊裡，不易沉入底部。
- □ 存放時間久。

◉ 準備烤模

鋪上烤焙紙

（請參照P.11）

材料 一個長21cm×寬5.5cm×高5cm的長型磅蛋糕烤模的份量

基本材料

無鹽奶油	60g
砂糖	60g
全蛋	60g
低筋麵粉	70g
發粉	1g（1/3小茶匙）

添加配料

柳橙皮	1/6個

塗抹醬料（果醬）

杏桃果醬（濾掉果粒）	15g
水	適量

塗抹（霜飾）

糖粉	20g
檸檬汁	3～4g

裝飾

橙皮	適量
防潮糖粉	適量

◉ 食材的事前準備

製作麵糊之前，先將烤箱預熱至180℃。

◉ 預熱烤箱

奶油

若是剛從冰箱取出的固體奶油，因尚未與其他材料混合在一起，可直接置於常溫下軟化就好。天氣寒冷或急用時，可置於容器中，放入微波爐加熱10秒左右。

軟化至手指能夠輕易壓下且一攪拌就呈美乃滋狀的狀態。若奶油回軟狀態不佳，可使用微波爐，以秒為單位，視情況加熱軟化。然而，一旦過度加熱，奶油融化成液體，即使冷卻後才使用，無論如何攪拌也無法使麵糊飽含空氣，所以加熱的時候務必多加留意。

全蛋

從冰箱取出後，讓蛋恢復至20～25℃的常溫，打入攪拌盆中拌勻。如果雞蛋溫度太低，蛋白與蛋黃沒有充分拌勻，可能會導致烘焙失敗。

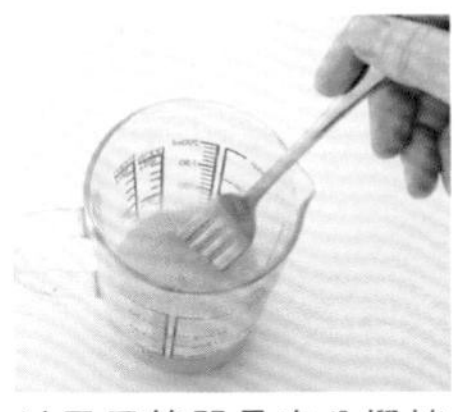

以叉子等器具充分攪拌直到蛋白沒有結塊。

若天氣寒冷或急用，以泡澡溫度的熱水溫熱10分鐘左右，就可以讓雞蛋恢復常溫。

低筋麵粉、發粉

將精準秤量後的麵粉放在容器中。若要直接篩入攪拌盆中，就無需事先過篩。

橙皮

可以細切成絲狀，也可以使用切模先壓出自己喜歡的形狀。

拌合奶油與砂糖

拌合至材料趨近白色且飽含空氣

1 使用手提攪拌機以低速拌合外觀呈美乃滋狀的奶油。當奶油變成鮮奶油狀時，加入一半份量的砂糖，然後繼續以攪拌機均勻拌合。

2 充分拌勻後再加入另一半的砂糖，充分攪拌讓奶油飽含空氣且趨近白色。奶油糊裡飽含空氣是磅蛋糕烤得鬆軟的最大關鍵。

失敗！

當奶油加熱軟化至液體狀時，無論再如何充分拌合也無法使奶油糊飽含空氣，只能從事前準備工作開始重新再挑戰一次。

失敗！

攪拌得不夠均勻，所以奶油糊偏黃。若奶油糊裡沒有飽含空氣，烘烤出來的磅蛋糕質地會較為堅硬。

加入蛋液

蛋液分4次加進去，奶油糊更滑順

1 加入1/4恢復常溫且均勻拌合的蛋液，使用攪拌機低速攪拌。

2 充分拌勻後再加入1/4份量的蛋液，共分成4次慢慢加進去，每一次都要充分拌合至奶油糊呈光滑細緻狀。均勻攪拌後，以手指將沾附在攪拌桿上的奶油糊刮進攪拌盆中。

Point!

剛加入蛋液時還無法充分拌合在一起，但愈攪拌就會愈滑順。待蛋液完全吸收後才能再加入下一次的1/4蛋液，如此一來，奶油的油脂和蛋液才不會油水分離，奶油糊中的空氣也才不會跑掉。

失敗！

若奶油和蛋液的溫度過低，或者拌合蛋液的方式不正確，無論再如何攪拌，都無法使奶油糊變得如絲絹般滑順。

如果一直無法將奶油糊攪拌滑順的話，使用橡皮刮刀舀一些（如圖所示）事先已經秤量好的低筋麵粉與發粉加進去。使用打蛋器充分拌勻，讓粉類吸收水分，如此一來，奶油糊就會變得較為滑順。若還是不夠滑順的話，就再加入一些粉類。

篩入麵粉

充分拌合至看不見粉狀物

1 將低筋麵粉和發粉倒入篩網中，然後使用橡皮刮刀從上面輕刮，將麵粉及發粉過篩至攪拌盆中。

2 使用橡皮刮刀從盆底大幅度往上翻攪。邊攪拌邊以另一隻手轉動攪拌盆，有效率的拌合麵糊。

若要加入可可粉等粉類香料，請在這個步驟中一同過篩至攪拌盆中。

Point!

充分拌勻，攪拌至完全看不見粉末為止。

加入香料與配料

充分混合與攪拌均勻

1 使用金屬刨具，將柳橙皮刨絲加入攪拌盆中。白色部位較為苦澀，所以只要刨絲柳橙皮表面就好。

2 以橡皮刮刀將柳橙皮均勻攪拌至整個麵糊中。當麵糊呈現滑順的鮮奶油狀就OK了。過度攪拌會致使麵粉起筋，磅蛋糕的口感可能會過於黏稠，這一點要特別注意。

若要加入果乾或堅果，也請在這個步驟中一併加入。若放入過多果乾等配料食材，可能會導致烘焙失敗，所以適量就好，且要與麵糊充分拌勻，攪拌至麵糊呈光滑細緻狀。

若麵糊乾癟，不夠滑順的話，磅蛋糕會顯得粗糙且口感不佳。所以務必拌合至麵糊呈光滑細緻狀。

舀入烤模中

抹平麵糊，中央部位稍微內凹

1 準備好烤模，分次從頂端舀入麵糊。

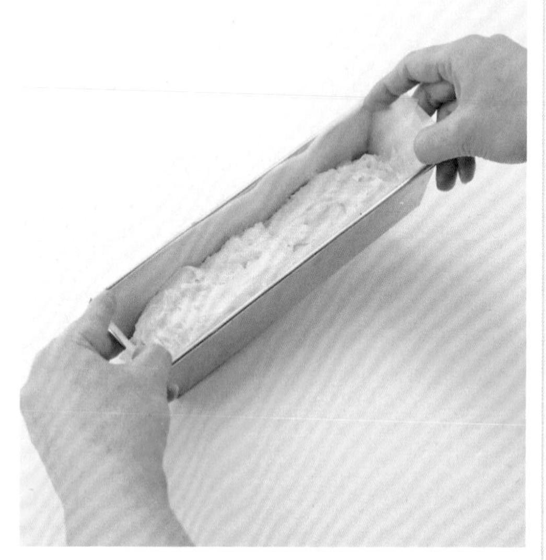

2 將烤模在桌面上輕輕敲扣幾次，排出麵糊中的空氣。

敲扣時的力道不要過大，只要能讓底部的空氣排出就好。力道過大的話，反而會使配料食材等沉入底部。

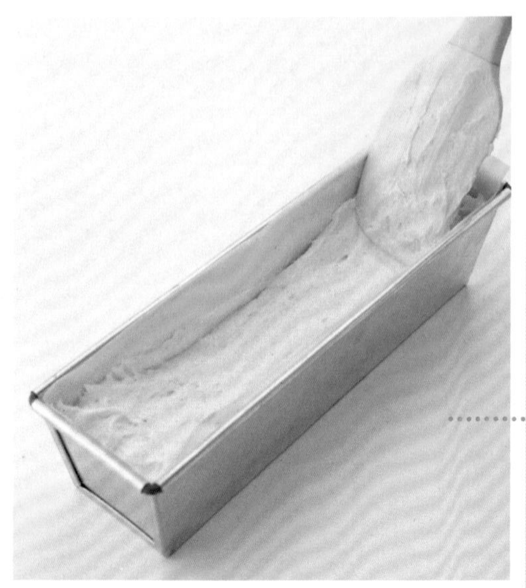

3 使用橡皮刮刀抹平麵糊表面，並且讓中央部位呈弓形向內凹。

因烤箱熱度不易傳導至烤模的中央部位，所以中央部位的麵糊必須比兩端來得低一些，如此一來才能均勻受熱。除此之外，蛋糕膨脹時的高度也才會一致。

烘烤

烘烤中前後對調，均匀受熱

1 確認烤箱溫度預熱達180℃，將烤模置於烤盤上，放入烤箱中烘烤。20分鐘過後，開啟烤箱門，迅速將烤盤前後對調，然後繼續烘烤15～20分鐘。

2 當整個麵糊皆呈金黃色時，確認中心部位是否烤熟。使用竹籤插入蛋糕中，若抽出來的竹籤表面乾淨不沾附任何麵糊，就表示烤熟了。

烤箱內部的火力並非每一處都均等，所以要將烤盤前後對調，使整個烤模能夠均匀受熱。另外，為了不使烤箱的溫度下降，對調烤盤時的動作要迅速確實。若不方便對調烤盤，僅更換烤模方向也是可以的。

3 自烤模中取出蛋糕。冷卻5分鐘左右，趁熱以保鮮膜包覆。待完全冷卻後置於陰涼處（夏季時期置於冰箱）保存。

蛋糕出爐後，若直接在表面塗抹果醬或淋上霜飾，恐會因為溫度太高而融化，所以，比起裝飾過後放入冰箱保存，建議出爐後直接先放進冰箱，待食用之前再裝飾或淋醬。

若要讓酒香滲入蛋糕中，要趁熱以毛刷將酒塗抹在蛋糕表面，然後立刻用保鮮膜包覆起來。酒精適度揮發後，只會留下芬芳的酒香。

塗抹果醬

增加表面光澤度

1 舀一大匙杏桃果醬放進容器中，加入果醬2成份量的水。以微波爐加熱至沸騰，煮化果醬。因為溫度很高，小心不要燙傷。

2 趁果醬還溫熱時，動作迅速的以毛刷將果醬塗抹在蛋糕上。盡量放平毛刷，輕輕一推就能夠將果醬薄薄的塗抹在蛋糕表面。

失敗！

反覆加熱的話，果醬會因為水分減少而變硬，延展性也會變差。反之，若加入太多水，水分會被蛋糕吸收，蛋糕表面就無法呈現亮麗的光澤。

失敗！

一旦果醬冷卻變硬，就會變成厚厚的一層。另外，若反覆塗抹好幾次，最後的成品可能會因厚薄不均而影響外觀。

3 將切成細長條的橙皮鋪在蛋糕表面，然後使用糖粉篩罐將防潮糖粉撒在蛋糕上方就大功告成了！

Point!

不要將防潮糖粉撒在橙皮上。將篩罐靠近蛋糕正面，就能將糖粉撒在正確位置上。

擠上霜飾

使用擠花袋，擠出美麗的線條

1 糖粉和檸檬汁拌合在一起，將黏稠度調整至湯匙舀起來時會延展成長條狀（如圖所示）。

若過於濃稠，無法順利從擠花袋中擠出霜飾。反之，過稀的話，無法順利擠出美麗的線條。分數次加入檸檬汁和糖粉，慢慢調整濃稠度。

2 將攪拌均勻的霜飾裝入塑膠製的擠花袋中，在尖端剪一個3mm大小的洞孔。在蛋糕表面擠出自己想要的花樣。

Point!

一開始洞孔要小一點，試擠之後，若覺得線條太細，再進一步將洞孔擴大。一開始洞孔剪太大的話，會一口氣擠出太多霜飾，所以盡可能開口要小一點。

3 趁霜飾尚未凝固之前，將蛋糕切片，或者將以切模壓出來的橙片裝飾在蛋糕表面。待霜飾凝固後，放入密閉容器等保存。

Point!

霜飾會自然凝固，不需要特別冷卻或放進烤箱中烘乾。以手指輕觸，只要不沾黏在手指上就OK了。

全蛋和砂糖打到起泡後，
再加入麵粉和軟化的奶油均勻攪拌

鬆軟口感的法式磅蛋糕

打蛋方式與混合方式
都些許升級的法式磅蛋糕。
可以享受有別於滑潤口感的
另外一種風味，
咬起來鬆軟沒有負擔。
麵糊質地柔軟，
固體配料食材容易沉底，
盡量使用刨成絲的柑橘皮、
可可或抹茶等粉末狀的配料。
底下將為大家
介紹鬆軟口感的代表作，
亦即利用檸檬皮
製作充滿爽朗香氣的
「週末蛋糕（weekend cake）」。

特色

- □ 宛如海綿蛋糕般柔軟膨鬆。
- □ 入口即化，綿密鬆軟的口感。
- □ 適合添加粉末狀的香料。

◎ 準備烤模

塗抹奶油，撒上高筋麵粉

（請參照P.11）

材料　一個長21cm×寬5.5cm×高5cm的長型磅蛋糕烤模的份量

基本材料

材料	份量
無鹽奶油	50g
蜂蜜	12g
全蛋	60g
砂糖	40g
低筋麵粉	60g
發粉	1g（1/3小茶匙）

添加配料

材料	份量
檸檬皮	1/3個

塗抹醬料

材料	份量
杏桃果醬（濾掉果粒）	40g
水	適量
糖粉	30g
檸檬汁	5 g

裝飾

材料	份量
切碎的檸檬皮	適量
開心果	1 粒

◎ 預熱烤箱

在製作麵糊之前，先將烤箱預熱至180℃。

◎ 食材的事前準備

奶油、蜂蜜、檸檬皮

將秤量好的奶油和蜂蜜一起放在稍大的容器中，然後使用刨具將檸檬皮刨絲加進容器中。將容器放入微波爐中加熱10～20秒，讓奶油完全融化，並且一直保溫到要使用的時候。

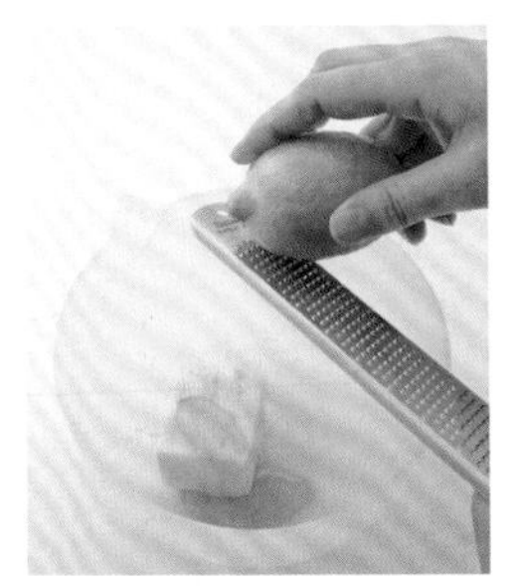

檸檬皮白色部分會苦，所以只要刨絲黃色部分就好。

低筋麵粉、發粉

將精準秤量後的麵粉放在容器中。製作時會直接將麵粉篩進裝有基底材料的攪拌盆中，所以無需事先過篩。

開心果

零嘴開心果通常都添加了鹽巴等調味料，所以請購買製專用的無調味開心果，最好是已經剝殼去膜，製作時會比較方便。買來之後保存於冰箱，取需要的份量以微波爐加熱，加熱過後色彩會更加鮮豔。容器中加入少量的水，加熱15秒左右即可。

全部的開心果一次加熱的話，不易保存，所以只取需要的份量加熱就好。

瀝乾之後切成碎末。

1 溫熱全蛋和砂糖

隔水加熱，比較容易打到發泡

1 將砂糖加入打散的蛋液（全蛋）中，以攪拌機的攪拌桿充分將砂糖和蛋液拌合。

2 隔水溫熱至40℃左右，為了使蛋液不會凝固，要不停攪拌。

Point!

直接置於火爐上溫熱的話，蛋液容易熟化凝固，所以務必隔水加熱。請準備一個與攪拌盆差不多口徑的鍋子，鍋中加水至一半並煮沸。開始冒泡沸騰時，調成小火，將攪拌盆放入鍋中。要特別注意，若火開得過大，溫度太高的話，蛋液會凝固。

Point!

稍微傾斜攪拌盆，以手指量測蛋液是否溫熱，若和洗澡水差不多溫度就OK了，靜置於鍋中，蛋液的溫度會逐漸升高；蛋液不夠溫熱的話，很難打起泡，所以務必確認溫度。

蛋液打泡

飽含空氣，營造出份量感

1 自鍋中拿起攪拌盆，以攪拌機快速打泡。因為蛋液不多，建議將攪拌盆傾斜，把蛋液集中在一處攪拌起泡。

2 將空氣打進蛋液裡，營造出份量感，打泡至攪拌桿的痕跡不會馬上消失為止。

一提起攪拌桿，蛋液就一直線向下滑落，這就表示打泡打得不夠。

Point!

提起攪拌桿，蛋糊會在攪拌桿上停留一會後才往下掉落，而且掉落的蛋糊不會立即與盆中的蛋糊結合在一起，這樣的狀態是最好的。

3 篩入麵粉

充分拌合至看不見粉狀物

1 將低筋麵粉和發粉倒入篩網中，使用橡皮刮刀從上面輕刮，將麵粉及發粉過篩至攪拌盆中。

2 使用橡皮刮刀從盆底大幅度往上翻攪。邊攪拌邊以另一隻手轉動攪拌盆，有效率的拌合麵糊。無粉末狀態後，再持續拌合10次左右，讓麵糊的質地更光滑。

Point!

訣竅是以橡皮刮刀從中央部位下手，像畫寫日文字「の」一樣，沿著攪拌盆周圍大幅度畫圓拌勻麵糊。如同揉麵粉般多攪拌幾次，當蛋液裡的氣泡都消失時，麵糊就會變得膨鬆有份量。

麵糊中加入奶油

務必先溫熱奶油

1 麵糊量稍減，開始呈現黏糊狀時，就不要再繼續攪拌了。

2 務必確認軟化的奶油是否溫熱，舀一瓢（40g）方才打到起泡的蛋糊放入奶油中。

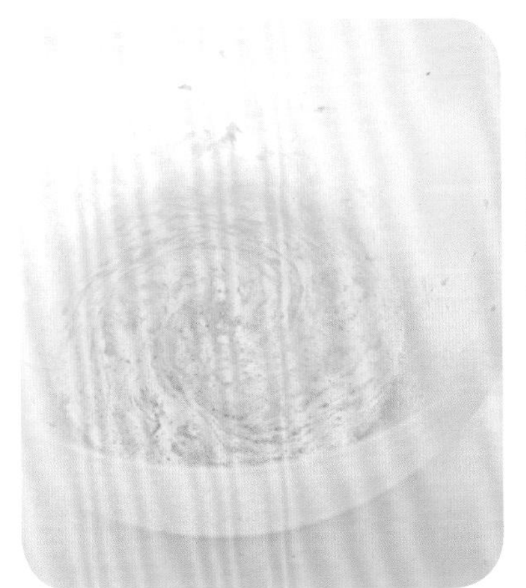

Point!

奶油若冷卻了，就再以微波爐稍微加熱數秒。

拌合至均勻滑順

確實攪拌均勻，防止油水分離

1 持續轉動攪拌桿，氣泡完全消失也沒關係。

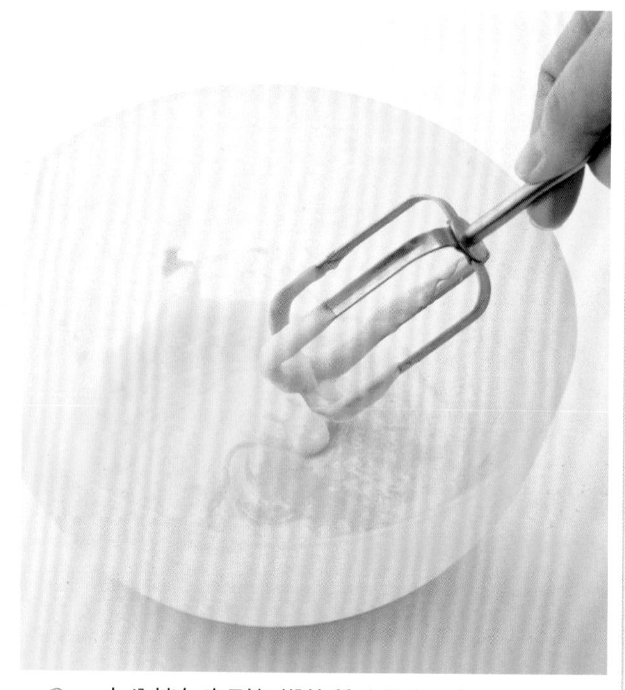

2 充分拌勻直到麵糊的質地呈光滑細緻狀。

為什麼不能直接將奶油加進麵糊中？

若將軟化呈液體狀的奶油一口氣加入打到起泡的軟綿綿麵糊中，奶油無法與麵糊均勻混合在一起。硬是將兩種材料混合在一起的話，蛋液的氣泡會因為奶油的油脂而逐漸減少，整個麵糊的份量會像氣球漏氣般驟減，外觀會顯得乾癟不美味。在奶油中加入一些麵糊，充分拌勻後再倒回麵糊攪拌盆中，奶油不僅容易與麵糊拌合在一起，氣泡也不會因此快速減少。

油水分離的狀態（俗稱花掉）。若無法充分拌勻，就算倒入麵糊中也無法充分與麵糊攪拌在一起。即使麵糊的份量再少，還是會處於油水分離狀態。若有這樣的情況，就用少量多次的方法，將麵糊慢慢加進去。

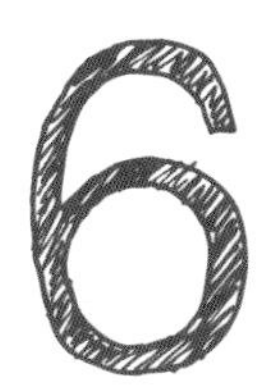

倒回麵糊攪拌盆中

充分攪拌均勻

1 將加入部分麵糊的奶油倒入麵糊攪拌盆中，以橡皮刮刀從盆底大幅度的攪拌。

2 所有材料均勻拌合在一起。沒有攪拌均勻的話，烤出來的磅蛋糕顏色會不勻稱；攪拌過度的話，麵糊裡的氣泡則會消失。

粗暴的攪拌或不停的攪拌，奶油的油脂會使氣泡逐漸減少，麵糊也會愈來愈乾癟。所以只要大幅度攪拌一下，讓兩種材料混合在一起就好。

攪拌均勻的成品（左）與過度攪拌的成品（右）。麵糊過度攪拌，烘烤時會不易膨脹，烤出來的蛋糕就不會有膨鬆感，吃起來會比較硬。

烘烤

麵糊倒入烤模中，立刻放進烤箱烘烤

1 將麵糊倒入準備好的烤模中。因質地較鬆軟，麵糊會宛如流動般流進烤模裡。

2 確認烤箱溫度預熱達180℃，將烤模置於烤盤上，放入烤箱中烘烤30分鐘。若烘烤過程中覺得顏色不勻稱的話，於20分鐘過後將烤盤前後對調，然後再繼續烘烤。

3 待蛋糕整體都均勻上色後，確認中心部位是否烤熟。使用竹籤插入蛋糕中，若抽出來的竹籤表面乾淨不沾附任何麵糊，就表示烤熟了。

中央部位偏白，或者竹籤上沾有麵糊的話，就再烤個3～5分鐘。

烤箱已經事先預熱，為了不使麵糊中的氣泡減少，麵糊一倒入烤模中，立刻放進烤箱中烘烤。若在烘烤過程中開啟烤箱，膨脹的蛋糕會內縮，這一點要特別注意。要將烤盤前後對調的話，務必於20分鐘過後再作業，亦即麵糊開始上色後才進行，切記動作一定要迅速確實。

脫模

小心謹慎的取出蛋糕

1 雙手拿著烤模，稍微傾斜的交替輕敲兩側，蛋糕就能夠輕鬆脫模。從烤箱剛取出的烤模非常燙手，務必戴上工作手套防止燙傷。

2 將烤模倒放在烘焙紙上，小心的將蛋糕從烤模中取出。蛋糕剛烤好時非常柔軟，切記動作一定要輕柔些。

Point!

確認蛋糕兩側都已經脫模後，再繼續進行下一個步驟。

3 自然冷卻5分鐘左右，趁微溫時用保鮮膜密合的包覆起來。冷卻後底部朝上，置於陰涼處保存（夏季時期置於冰箱保存）。建議食用之前再裹上霜飾等裝飾，不要一出爐就裹霜飾。

整型

以蛋糕刀切齊邊緣

1 將蛋糕底部朝上置於耐熱托盤上。若正面太膨以致於蛋糕無法平放而左右搖晃時，請先將蛋糕轉回正面，以小刀削平；兩側若不夠平整，同樣以小刀稍微修整塑形一下。家中如果沒有耐熱托盤，底下墊一張烤焙紙也可以。

2 一手扶著蛋糕，一手持小刀將四個邊角各往內削掉5mm左右。側面邊角也要向內削掉5mm。

為什麼要將底部朝上？

一般來說，我們通常會將烤好的蛋糕出現開口笑的那一面直接朝上，但這樣會給人較為樸素單調的印象。只要反過來，將平坦的底部朝上，就能瞬間給人時髦的感覺。同樣都是法式磅蛋糕，只要稍微改變蛋糕的裝飾面，整個氛圍就會煥然一新，蛋糕樣式也會更加豐富。

Point!

削掉邊角不僅使蛋糕外型更時尚，裹霜飾時也才能輕薄又美觀。

10 塗抹果醬

盡可能薄薄的一層

1 舀一匙杏桃果醬到稍大的容器中，加入果醬2成份量的水。以微波爐加熱至沸騰，煮化果醬。溫度很高，請小心不要燙傷。

2 趁果醬還溫熱時，動作迅速的以毛刷將果醬塗抹在蛋糕上，底部除外。然後盡量放平毛刷，輕輕一推就能將果醬薄薄的塗抹在蛋糕上。

反覆加熱的話，果醬會因為水分減少而變硬，延展性也會變差。反之，若加入太多水，水分會被蛋糕吸收，蛋糕表面就無法呈現亮麗的光澤。

一旦果醬冷卻變硬，就會變成厚厚的一層。另外，如果反覆塗抹好幾次，最後的成品可能會因厚薄不均而影響外觀。另一方面，因為之後會再裹上霜飾，為了不使蛋糕變得過於甜膩，塗抹時盡量薄薄的一層就好。

11 裹上霜飾

多加點水，口感更清爽

1 糖粉和檸檬汁充分拌合在一起，將黏稠度調整至湯匙舀起來時猶如潺潺流水（如圖所示）。

2 抹刀平貼著蛋糕，由上往下薄薄塗抹一層，側面也是同樣作業方式。輕輕滑動抹刀，小心不要刮掉已經塗抹在上面的果醬。

水分太少會導致果醬太硬而不易推開，也會因此塗抹得過厚。加水的時候，稍微比P.21調製霜飾時再多一些，如此一來，不但可以薄薄塗上一層，口感也會較為清爽。反之，水分加得太多，果醬過稀的話，不但會四處溢流，還會融化。

霜飾塗抹得太厚，不僅外觀不美，口感也會太甜膩。

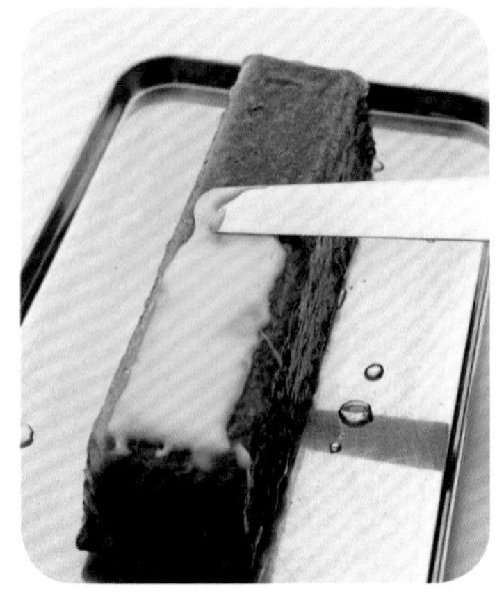

12 烘乾

烤箱加熱後冷卻

1 將檸檬皮和開心果撒在蛋糕上當裝飾。

2 確認烤箱溫度達180℃，然後將蛋糕置於烤盤上放進烤箱。大約2分鐘後，當霜飾稍微變透明，就可以將蛋糕拿出來。

3 置於常溫下自然冷卻，當霜飾凝固變成一層薄膜，以手指觸摸不會沾黏時，就可以放入密封容器中保存。

Point!

隨著時間經過，霜飾會逐漸融化，所以最好是食用前再裝飾就好。

提升蛋糕美味等級的小訣竅！

要牢記使味道更香醇的方法喔！

訣竅在於一出爐就立即將酒塗抹在蛋糕上。

酒香入味

蛋糕一出爐就抹上甜露酒的話，香氣會更濃郁，口感也會更濕潤。柳橙風味的磅蛋糕添加君度橙酒或柑曼怡香橙干邑甜酒、栗子磅蛋糕上添加蘭姆酒或干邑白蘭地等等，重點在於挑選最適合麵體配料，最能夠幫助提味的酒款。不需要加水稀釋，直接使用純酒，一出爐就趁熱以毛刷將純酒塗抹上去。讓蛋糕吸飽酒，待酒精適度揮發後，只會留下芬芳的酒香。但是，要特別注意一點，若蛋糕冷卻後才塗抹的話，可能會留有酒臭味。所以，酒一滲透到蛋糕裡，就立即以保鮮膜包覆，比較不會因水分蒸發而乾燥變硬。

確實熟透

比起出爐後立即食用，擺放2～3日之後味道會更溫和，口感也會更滑潤。保鮮膜確實包覆以防止乾燥，或者裝進密封袋、密封容器中，置於陰涼處保存（夏季時期置於冰箱保存）。保存期限，夏季冷藏是4～5天，冬季常溫下是1週，若是冷凍的話，可以保存2週左右。

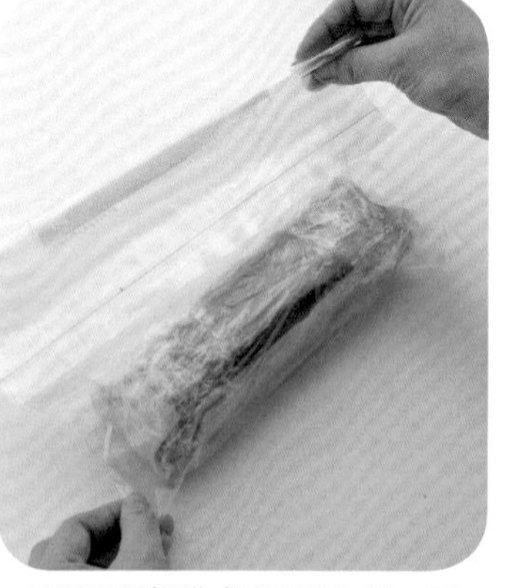

以兩層保鮮膜或密封袋包覆，可以避免冰箱裡的異味沾附在蛋糕上。

若想要分次享用的話，建議先切片後再以保鮮膜包覆，並且放進冷凍庫裡保存。

送禮的話也是贈送之前再裝飾就好。

食用前再裝飾

最適合妝點磅蛋糕的時間是食用之前。裝飾完才保存的話，表面的霜飾和果醬容易融化，糖粉也會沾附在保鮮膜上。建議蛋糕熟透，要吃之前再提早裝飾就好。

為什麼失敗呢？

充分了解「為什麼」的Q&A

Q 為什麼蛋糕不會膨脹？

A 膨脹狀態不佳，或者變得過於紮實，這就表示拌合麵糊時拌入的空氣不足夠。光靠發粉無法使蛋糕充分膨脹，蛋糕的高度相形之下也會比較低矮。

以滑潤口感的蛋糕（P.12）來說，關鍵在於拌合鮮奶油狀的奶油與砂糖時，要拌入大量的空氣。一旦奶油軟化至液體狀，無論再如何拌合也無法使奶油糊飽含空氣。加入粉類後，若過度攪拌也會導至失敗。

至於鬆軟口感的蛋糕（P.22），全蛋打泡打得不夠，或者過度拌合粉類、奶油等等都是導致失敗的原因。因此製作磅蛋糕時，請務必確認每個步驟的重點。

若膨脹情況不佳，內部會較為紮實，口感會較硬。

Q 為什麼奶油和全蛋無法拌合至光滑細緻狀？

A 這樣的情況常發生在製作滑潤口感的蛋糕時，飽含油脂的奶油加入飽含水分的全蛋，若沒有確實掌握攪拌重點，再怎麼努力拌合，還是會出現油水分離的狀況。原因就出在奶油或蛋液的溫度太低，或者是一口氣將蛋液全部加進去。所以，務必先拌合奶油至鮮奶油狀、全蛋要恢復常溫後再使用，另外，蛋液分3～4次加進去且充分攪拌。若拌合情況依舊不佳，以橡皮刮刀取一瓢粉類加進去，讓粉類幫忙吸收水分，再慢慢攪拌至滑順。但這畢竟只是個權宜之計。

油水分離的狀態下進烤箱的話，蛋糕不僅不綿密，口感也會比較粗糙。

油水分離狀態下的權宜之計。

為什麼配料食材會沉底？

A 一切開蛋糕，發現配料全部沉在底部，不禁令人感到沮喪……。之所以會有這樣的情況，可能是配料食材太大過重所致。放進烤箱烘烤時，因蛋糕麵糊呈黏稠的液體狀，沉重的配料容易沉入底部。應變方式就是試著將配料等食材切碎切小。若使用類似P.46的冷凍黑醋栗等飽含水氣的配料，可先用麵粉撒在上面，如此一來攪拌時就可以預防配料沉入底部，麵糊也不會因此過於潮濕。

至於鬆軟口感的蛋糕，因麵糊本身非常柔軟，再輕的配料也會沉入底部，建議使用刨絲的柑橘皮、可可粉或抹茶粉等粉末狀的香料。若一定要使用固體配料食材，最好要切成碎末後使用。

配料沉底的話，整體風味會失調。

為什麼會有粉味？

插入竹籤以確認是否烤熟。若竹籤上有麵糊沾附，請再多烘烤個數分鐘。

A 吃的時候感覺黏糊，或者有粉味，這就代表烘烤的時間不夠。務必確認中央的裂縫顏色是否太淺、插入竹籤時，是否有麵糊沾黏。表面已經呈金黃色，但裡面尚未熟透，這時請將烤箱溫度調低10℃，再烤個5～10分鐘。若添加栗子甘露煮、糖漬物等配料，因為容易半生不熟，最好事先將配料上的水分充分拭去後再加入麵糊中。

甘露煮：日本烹煮方式的一種，泛指用糖水熬煮的東西。

若中間裂縫的顏色偏淡，表示裡面尚未烤熟。

為什麼無法順利塗抹果醬或霜飾？

A 果醬若加太多水稀釋，容易滲透到蛋糕裡面，一旦滲透，表面就不會有亮麗的光澤感。所以，當果醬太稀時，就用微波爐加熱吸收一些水分。在果醬上面塗抹霜飾時也一樣，若過稀，霜飾會四處溢流且容易融化。另外，一出爐就塗抹果醬或霜飾，時間一久也會融化，最好是食用前或送禮前再加以裝飾。

果醬和霜飾中的水分是重要關鍵。

為什麼砂糖減量，蛋糕就會乾癟？

A 砂糖具有使蛋糕滑潤順口的效果，若為了降低甜度而任意減少砂糖的份量，蛋糕口感會變得較為粗糙，因此砂糖的份量務必精準無誤。要控制甜度的話，可以藉由調整外表裝飾材料的甜度。例如，蛋糕表面的果醬和霜飾盡量薄薄一層就好，或者不要塗抹於整個蛋糕，僅塗抹在上方就好。

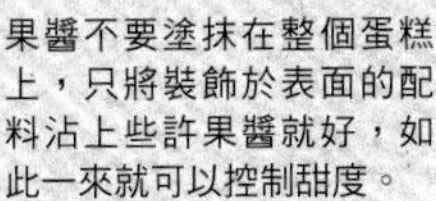
果醬不要塗抹在整個蛋糕上，只將裝飾於表面的配料沾上些許果醬就好，如此一來就可以控制甜度。

砂糖的份量務必遵照食譜。

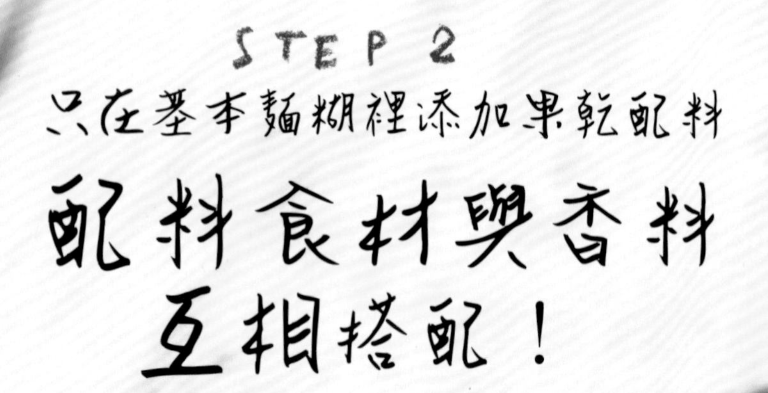

要不要試著在樸實的麵糊中添加各種配料，
加入紅茶或咖啡等香料，創作出各式各樣種類豐富的磅蛋糕。
麵糊裡有新鮮水果或飽含水氣的配料食材，
容易使蛋糕內部呈現半生不熟的狀態，
建議使用乾果、堅果或粉末狀的香料。

Arrange

添加果乾和堅果

只要添加水氣少的果乾和堅果，就能簡單搭配出各種不同類型的磅蛋糕。以甜露酒和糖漿浸泡一下果乾，蛋糕的風味會更加豐富。若要加入浸漬過的果乾，務必瀝乾汁液後再放入一起攪拌。另外，添加無花果等較大的果乾時，為避免沉底，最好切碎後再加入麵糊中攪拌。未處理過的生堅果沒有芬芳的香氣，最好以180℃烤箱烘烤過後再使用。烘烤時間依火力大小而不同，大約5～10分鐘。對切後，只要內部稍微上色就OK了。

堅果粉末加紅糖，口感更濕潤

加入杏仁和榛果研磨而成的粉末，堅果裡的油脂會增添蛋糕的濕潤度。比起使用白砂糖，添加三溫糖、紅糖或黑糖更能夠使蛋糕呈現濕潤的口感，風味也會更加獨特。黑糖味道較濃醇，建議與白砂糖、三溫糖混在一起使用，風味會比較溫和。

從外觀裝飾聯想風味

試著透過磅蛋糕所使用的香料與配料食材來呈現外表裝飾。走簡樸風，就使用當作配料添加在麵糊裡的果乾和堅果；走華麗風，可以在莓果磅蛋糕上塗抹紅果醬來增豔，或者在添加栗子等豐富食材的磅蛋糕上妝點金箔等等。配合蛋糕整體特色來享受裝飾之樂。

水果磅蛋糕

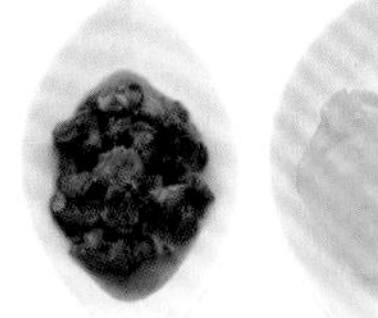

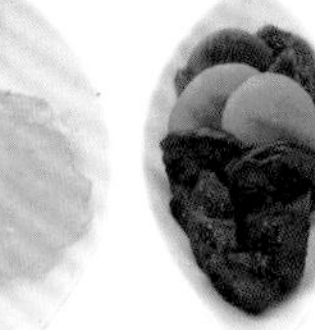

3 elements
添加 → 塗抹 → 裝飾

水果磅蛋糕是招牌磅蛋糕，使用大量以洋酒浸漬1星期的水果。以蘭姆酒加上干邑白蘭地一起浸漬水果，風味會更加優雅。保存時間久，可以品嚐熟透蛋糕的深層美味。除了水果磅蛋糕外，同時為大家介紹麵糊裡添加黑糖、肉桂的核桃磅蛋糕。

準備烤模

請參照P.11，
鋪好烤焙紙。

材料

一個長21cm×寬5.5cm×高5cm的
長型磅蛋糕烤模的份量

麵 糊
- 無鹽奶油……45g
- 砂糖……45g
- 全蛋……45g
- 低筋麵粉……55g
- 發粉……1g（1/3小茶匙）

添加配料
- 洋酒浸漬的水果（請參照下表）……130g

塗抹醬料
- 杏桃果醬（濾掉果粒）……15g
- 水……適量

裝 飾
- 杏桃果乾、無花果果乾、黑棗……適量

洋酒浸漬水果（約2條磅蛋糕份量）

- 葡萄乾……120g
- 黑棗果乾……35g
- 無花果果乾……35g
- 杏桃乾果……20g
- 橙皮……35g
- 小紅莓果乾……20g
- 干邑白蘭地……50g
- 蘭姆酒……50g

除了葡萄乾和小紅莓果乾以外，其他配料食材都切成1cm大小，然後將所有配料全放進容器中。以保鮮膜包覆後，置於陰涼處1個星期（照片1）。製作蛋糕前，記得先以篩網過濾水分。

1 參照P.12～P.19，製作滑潤口感的磅蛋糕麵糊。P.17的步驟1中，請改以浸漬洋酒的果乾取代柳橙皮，然後充分攪拌均勻（照片2）。

2 脫模後立即以保鮮膜包覆，置於陰涼處保存。靜置一星期左右，香氣與味道滲透，風味會更加溫和順口。

3 裝飾。請參照P.20的步驟1、2，在蛋糕正面塗抹杏桃果醬，並且撒上杏桃果乾、切小塊的無花果果乾、黑棗（照片3）。

Variation

核桃磅蛋糕

麵糊材料
砂糖45g改為
➡砂糖30g＋黑糖（粉末）15g
洋酒浸漬水果130g改為
➡洋酒浸漬水果100g
＋烘烤過切碎（粗碎）的核桃30g
＋肉桂粉少許

製作方法
將黑糖與砂糖混合在一起，配料的份量如上所述，出爐後上下顛倒，底部朝上用保鮮膜包覆起來，置於陰涼處保存。底部朝上的那一面塗抹果醬，撒上半邊的糖粉（照片4）。最後再擺上核桃和切塊的無花果果乾。

（照片1）使用自己喜歡的果乾。為避免這些配料食材沉底，請先切成1cm大小。

（照片2）放入大量以洋酒浸漬的果乾，蛋糕會更香醇更濕潤。

（照片3）大方的擺上大大的果乾作為裝飾。輕輕一壓，果乾就會黏在蛋糕上。

（照片4）拿支乾淨的尺貼在蛋糕上面，輕輕甩動糖粉篩罐，就可以漂亮的將糖粉撒在單側。

3 elements
添加 —— 塗抹 —— 裝飾

杏桃&柳橙磅蛋糕

酸甜的杏桃搭配清爽的柳橙皮，色香味俱全的風味蛋糕。
將杏仁粉充分與麵糊攪拌在一起，蛋糕更加濕潤順口。

準備烤模

請參照P.11，
鋪好烤焙紙。

材料

一個長21cm×寬5.5cm×高5cm的
長型磅蛋糕烤模的份量

麵 糊
- 無鹽奶油……50g
- 砂糖……50g
- 全蛋……50g
- 低筋麵粉……50g
- 發粉……1g（1/3小茶匙）

添加配料
- 杏仁粉（去皮）……15g
- 刨絲柳橙皮……1/6個
- 杏桃果乾（切成1cm大小）……60g

塗抹醬料
- 杏桃果醬（濾掉果粒）……15g
- 水……適量

裝 飾
- 柳橙切片、杏桃果乾……適量
- 防潮糖粉……適量

1 請參照P.12～P.19，製作滑潤口感的磅蛋糕麵糊。P.16的步驟1中，請將低筋麵粉、發粉和杏仁粉一起篩進攪拌盆中。P.17的步驟一中除了柳橙皮外，請連同切成1cm大小的杏桃果乾一起加進去充分攪拌（照片1）。

2 脫模後底部朝上，以保鮮膜包覆起來，置於陰涼處保存。靜置2～3天後會更加美味。

3 裝飾。蛋糕正面朝下，若因為太膨以致於蛋糕無法平放時，請先將蛋糕轉回正面，以小刀削平（照片2）。請參照P.20的步驟1、2，在蛋糕上方塗抹杏桃果醬，並且撒上柳橙切片、杏桃果乾（照片3）。

4 邊緣撒上防潮糖粉（照片4）。

（照片1）杏桃果乾太大的話，會沉入底部，請先切成適當的大小。

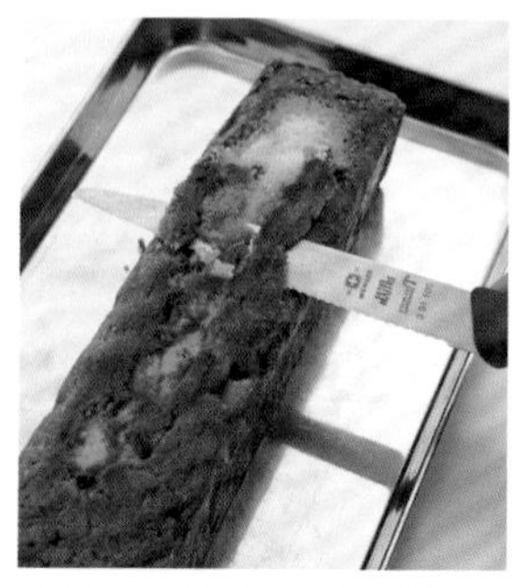

（照片2）若蛋糕正面太膨，請以小刀稍微削平，讓蛋糕不會左右搖晃。

（照片3）要裝飾柳橙切片時，請先以餐巾紙等盡可能擦拭掉沾附在上面的糖漿。

（照片4）不要將糖粉撒在柳橙切片上。將篩罐靠近蛋糕上方，就能將糖粉撒在正確位置上。

3 elements
添加 → 塗抹 → 裝飾

葛雷伯爵茶&黑醋栗磅蛋糕

麵糊裡添加具有濃郁香氣的葛雷伯爵茶，
可以提升黑醋栗的強烈酸味與無花果果乾顆粒口感。
最後再淋上黑醋栗霜飾，色彩更加豔麗奪目。

準備烤模

請參照P.11，
鋪好烤焙紙。

材料

一個長21cm×寬5.5cm×高5cm的
長型磅蛋糕烤模的份量

麵 糊
- 無鹽奶油……50g
- 砂糖……50g
- 全蛋……50g
- 低筋麵粉……55g
- 發粉……1g（1/3小茶匙）

添加配料
- 葛雷伯爵茶茶葉……5g
- 無花果果乾（切成1cm大小）……40g
- 冷凍黑醋栗（不解凍）……20g
- 低筋麵粉……1/2小茶匙

塗抹醬料
- 冷凍黑醋栗……3粒
- 水……15g
- 糖粉……20g

裝 飾
- 無花果果乾……適量

1 請參照P.12～P.17，製作滑潤口感的磅蛋糕麵糊。P.16的步驟1中，請將低筋麵粉、發粉和葛雷伯爵茶茶葉一起篩進攪拌盆中。P.17的步驟1中，請改以切成1cm大小的無花果果乾取代柳橙皮，然後充分攪拌均勻（照片1）。

2 將低筋麵粉撒在冷凍黑醋栗上（照片2）。在烤模裡倒入1/3的麵糊並抹平，然後撒上1/3量的冷凍黑醋栗。接著，再倒入1/3的麵糊，再撒上一層1/3量的冷凍黑醋栗。倒入最後的1/3麵糊後，以橡皮刮刀輕輕抹平表面，然後讓中央部位呈弓形向內凹，撒上剩餘的黑醋栗（照片3）。

＊先使用擂缽或攪拌機將葛雷伯爵茶茶葉絞碎。取茶包中的茶葉來使用也可以，或者直接購買製專用，已經研磨成粉末的茶葉會更加方便。

3 請參照P.19放進烤箱中烘烤，脫模後以保鮮膜包覆，置於陰涼處保存。靜置2～3天後會更加美味。

4 裝飾。將冷凍黑醋栗與水一起放進容器中，以微波爐加熱至沸騰。冷卻後只取汁液就好，加入3～4g的砂糖充分攪拌，將黏稠度調整至如潺潺流水般即可，霜飾製作完成（照片4）。

5 以湯匙舀起步驟4作好的黑醋栗霜飾，縱向淋在蛋糕正面，接著擺上切成環狀的無花果果乾，待霜飾凝固就大功告成（照片5）。

（照片1）為避免無花果果乾沉入底部，請先切成適當大小。

（照片2）直接在冷凍黑醋栗上撒上低筋麵粉的話，可以鎖住黑醋栗美味的果汁，也可以避免水分滲透到麵糊裡。

（照片3）趁冷凍黑醋栗尚未溶解前，撒在麵糊上，並且放進烤箱中烘烤。

（照片4）以眼睛判斷霜飾的黏稠度。太硬的話，添加黑醋栗汁；太稀的話，加一些糖粉調和。

（照片5）以湯匙舀起黑醋栗霜飾，縱向淋在蛋糕正面上。

PAR AVION
POST
TO BE WRITTEN ON THIS SIDE
DE ROHAN

椰子&香橙週末蛋糕

週末蛋糕的語源來自於英語的「weekend」。在週末與親友一起享用，是法國人的招牌蛋糕之一。檸檬風味是一般正統的週末蛋糕，但本書要製作的是香橙搭配椰子的口味。爽口的和風柑橘與充滿熱帶風情且口感清脆的椰子，一種與眾不同的嶄新風味。另外，本書將為大家介紹兩種不一樣的裝飾方法。

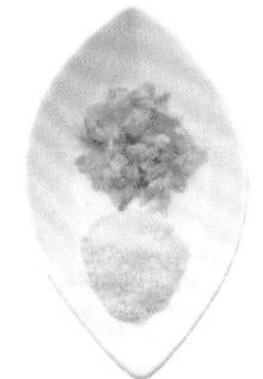
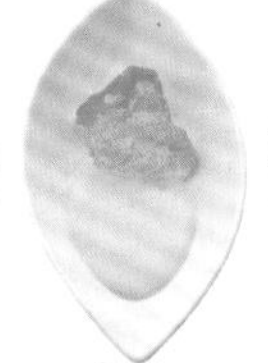
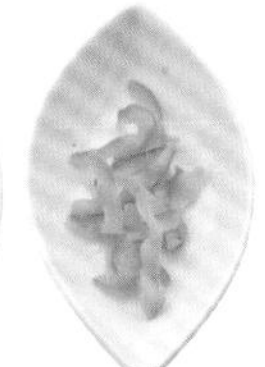

準備烤模

請參照P.11，
鋪好烤焙紙。

材料

一個長21cm×寬5.5cm×高5cm的
長型磅蛋糕烤模的份量

麵 糊

- 無鹽奶油……50g
- 蜂蜜……12g
- 全蛋……60g
- 砂糖……40g
- 低筋麵粉……60g
- 發粉……1g（1/3小茶匙）

添加配料

- 刨絲香橙皮中型……1/2個
- 香橙細粉……10g
- 香橙皮（市售、切末）……15g

塗抹醬料

- 杏桃果醬（濾掉果粒）……15g
- 水……適量
- 糖粉……15g
- 香橙汁……3g

裝 飾

- 香橙皮、椰子細粉……適量
- 防潮糖粉……適量

1 請參照P.22～P.31，製作鬆軟口感的磅蛋糕麵糊。以香橙皮取代檸檬皮，在P.29步驟1中將椰子細粉和切末的香橙皮一起加入拌有奶油的麵糊中，將所有材料與麵糊充分攪拌均勻（照片1）。

2 脫模後底部朝上，用保鮮膜包覆起來，置於陰涼處保存。靜置2～3天後會更加美味。

3 裝飾。蛋糕正面朝下，若因為太膨以致於蛋糕無法平放時，請先將蛋糕轉回正面，以小刀削平；兩側若也不夠平整，請同樣以小刀稍微修整塑形一下。接著，參照P.33，僅在蛋糕上方塗抹杏桃果醬（照片2）。

4 請參照P.34步驟1，以香橙汁取代檸檬汁製作霜飾，薄薄的塗抹在上面。（照片3）。

5 請參照P.35，蛋糕正中央擺上香橙皮，兩側撒上椰子細粉（照片4）。以烤箱烘乾霜飾，冷卻後再撒上防潮糖粉。

Variation

蛋糕出爐後，以正面朝上的方式保存。參照P.21步驟1，以香橙汁取代檸檬汁製成霜飾，然後再用擠花袋擠出斜線花樣。另外，步驟3中以香橙皮和椰子絲條取代橙皮來裝飾，待霜飾凝固就大功告成。

（照片1）香橙皮太大片的話，會沉入底部，請先切成適當大小。若沒有椰子細粉，也可以買椰絲條回來自己切細。

（照片2）僅蛋糕上方塗抹果醬就好，如此一來可以控制蛋糕甜度。

（照片3）霜飾也以香橙製成，風味更加爽口。抹刀盡量貼平蛋糕，霜飾就不會塗抹得太厚。

（照片4）為避免防潮糖粉四散，訣竅是撒糖粉時盡可能貼近蛋糕表面。

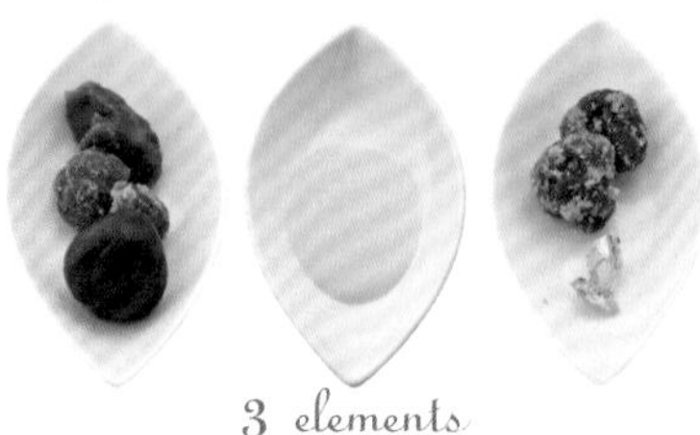

栗子&科涅克白蘭地磅蛋糕

麵糊裡拌合栗子泥的磅蛋糕，
添加糖漬栗子與栗子甘露煮，口感更豐富。
因添加杏仁粉，蛋糕更加滑潤。
招牌配料雖然是栗子加上蘭姆酒，
但改以科涅克白蘭地取代，質感更細緻高雅。

準備烤模

請參照P.11，
鋪好烤焙紙。

材料

一個長21cm×寬5.5cm×高5cm的
長型磅蛋糕烤模的份量

麵 糊

無鹽奶油……………………………………50g
三溫糖………………………………………35g
全蛋…………………………………………50g
低筋麵粉……………………………………55g
發粉…………………………1g（1/3小茶匙）

添加配料

栗子泥………………………………………45g
杏仁粉（去皮）……………………………15g
糖漬栗子（撥開約1cm大小）……………35g
帶薄膜的栗子甘露煮（切成1cm大小）
……………………………………………35g

塗抹醬料

科涅克白蘭地………………………………15g
杏桃果醬（濾掉果粒）……………………15g
水…………………………………………適量
糖粉…………………………………………10g
科涅克白蘭地（製作霜飾）……………3～4g

裝 飾

糖漬栗子…………………………………適量
金箔………………………………………適量

＊若沒有糖漬栗子或想控制甜度時，以帶薄膜的栗子甘露煮取代，這時候請將份量增加至70g。

1 請以廚房紙巾確實拭去帶薄膜栗子甘露煮上的水氣。

2 請參照P.12～P.19，製作滑潤口感的磅蛋糕麵糊。P.14中改以三溫糖和栗子泥取代砂糖，並且充分攪拌在一起（照片1、2）。P.16步驟1中則將杏仁粉同低筋麵粉和發粉一起倒入攪拌盆中攪拌。P.17的步驟1中以糖漬栗子、栗子甘露煮取代柳橙皮，全部配料都要充分攪拌均勻。

3 脫模後趁熱使用毛刷將科涅克白蘭地塗抹在底部以外的蛋糕表面（照片3）。然後立即以保鮮膜緊緊包覆起來，置於陰涼處保存。靜置2～3天後會更加美味。

4 裝飾。請參照P.33，僅在蛋糕上方塗抹杏桃果醬。請參照P.34步驟1，以科涅克白蘭地取代檸檬汁製作霜飾，在蛋糕上方薄薄塗抹一層後，將糖漬栗子擺在上面。

5 請參照P.35步驟2，用烤箱烘乾蛋糕上的霜飾，待冷卻後再撒上金箔裝飾（照片4）。

（照片1）建議使用法國製的罐裝栗子泥。外觀狀似紅豆泥，甜味足夠。若沒使用完，請冷凍保存。

（照片2）冷藏過的冰栗子泥會使奶油變硬而不易攪拌，建議恢復常溫後再放入攪拌盆中，充分攪拌直到沒有結塊。

（照片3）趁熱塗抹科涅克白蘭地，多餘的酒精會揮發，只留下濃醇酒香與滑潤口感。

（照片4）將金箔緊緊黏壓在糖漬栗子上。

紅果
磅蛋糕

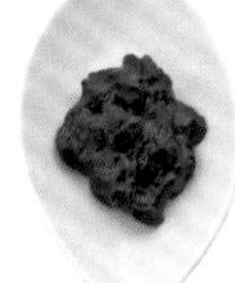
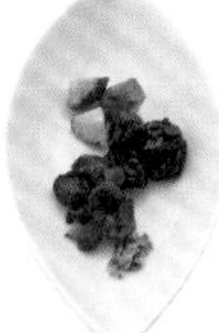

3 elements

添加 ── 塗抹 ── 裝飾

充滿檸檬香氣與滋味的麵糊裡，加入小紅莓果乾與
櫻桃果乾，一款口感又甜又酸的磅蛋糕。
果乾在櫻桃白蘭地的烘托下，散發出迷人的成熟香氣。
搭配鮮紅的樹莓果醬與無花果，更加華麗奪人眼目。

準備烤模

請參照P.11，
鋪好烤焙紙。

材料

一個長21cm×寬5.5cm×高5cm的
長型磅蛋糕烤模的份量

麵 糊

- 無鹽奶油……50g
- 砂糖……50g
- 全蛋……50g
- 低筋麵粉……55g
- 發粉……1g（1/3小茶匙）

添加配料

- 檸檬皮……1/2個
- 櫻桃酒浸漬的水果（請參照右表）……全部

塗抹醬料

- 櫻桃酒（櫻桃白蘭地）……10g
- 樹莓果醬（濾掉果粒）……15g
- 水……適量

裝 飾

- 小紅莓果乾、櫻桃果乾、
- 冷凍草莓果乾（整顆）……適量
- 開心果……適量
- 防潮糖粉……適量

＊容器中裝開心果和少量的水，以微波爐加熱15秒左右，然後切末備用。

1 請參照P.12～P.19，製作滑潤口感的磅蛋糕麵糊。P.17的步驟1中以檸檬皮取代柳橙皮，並且與以櫻桃酒浸漬的果乾充分攪拌在一起。

2 脫模後正面朝下，趁熱使用毛刷將科涅克白蘭地塗抹在底部以外的蛋糕表面上（照片1）。然後立即以保鮮膜緊緊包覆起來，置於陰涼處保存。靜置2～3天後會更加美味。

3 裝飾。若蛋糕正面太膨以致於無法平放時，請先將蛋糕轉回正面，以小刀削平。

4 請參照P.20步驟1、2，僅在蛋糕上方塗抹樹莓果醬（照片2）。然後再將小紅莓果乾、櫻桃果乾、切塊的冷凍草莓果乾和切碎的開心果裝飾在蛋糕上面（照片3）。

5 在兩側邊緣撒上防潮糖粉。

以櫻桃酒浸漬水果

- 小紅莓果乾……35g
- 櫻桃果乾……35g
- 櫻桃酒……15g

將上述果乾裝在深度較淺的容器中，倒入櫻桃酒後，用保鮮膜緊緊包覆。微波爐加熱30秒左右後，靜置一晚。也可以只浸漬小紅莓或櫻桃的其中一種。

（照片1）蛋糕出爐後立刻塗抹櫻桃酒，蛋糕風味會更香醇。

（照片2）樹莓果醬的酸味具有提升蛋糕風味的效果。

（照片3）將草莓果乾切成同小紅莓般的大小，裝飾在蛋糕上時會更具協調感。

季節派對上最受寵的蛋糕！

在親朋好友齊聚一堂的場合，
何不來一塊風味與氛圍都再適合不過的磅蛋糕？

洋酒的香氣與苦澀，
最適合來杯咖啡

成人的下午茶派對

帶有科涅克白蘭地香氣的栗子&科涅克白蘭地磅蛋糕與充滿復古味道的雙倍巧克力，不僅滿足成人味蕾，也非常適合搭配一杯香醇的咖啡。餐後搭配晚餐酒享用也非常完美。

豐盛的磅蛋糕，
充滿奢華感

聖誕佳期

香料與洋酒香氣四散的水果磅蛋糕與核桃磅蛋糕，最適合聖誕節等節慶。因為保存期限較長，可以像德國水果麵包般，在聖誕假期期間，每天切一片享用。也可以在聖誕節慶時，當作禮物致贈親友。

爽口的酸味，
吃來毫無負擔

盛夏的午茶時間

在炎熱的夏季，大家普遍不喜歡烘烤類的甜點，但如果是帶有爽口酸味的熱帶風味磅蛋糕，即使在夏季也能夠吃得毫無負擔。配上一杯冰涼水果茶，清爽口感更加倍。添加檸檬、柳橙等柑橘香料的磅蛋糕最適合夏季食用。

將手作的醬汁充分攪拌在麵糊裡，將配料食材浸漬在水果泥中。
只要在配料或香料上多一點點巧思，多嘗試幾種不同的組合，
就可以做出風味更多元化的法式磅蛋糕。一起學會巧克力的披覆技巧，
透過裝飾讓外觀與美味同時升級。

STEP 3

充滿手作感的材料，
讓蛋糕更加美味。

利用不同組合方式，讓層次更提升！

Rank up!

手作配料食材

想要使用新鮮水果時，先以煸炒方式揮發水氣，如此一來能夠防止蛋糕有半生不熟的情況發生。另外，製作焦糖醬，拌入堅果，或者將乾果浸漬在水果泥中，充分混合在麵糊裡，使蛋糕美味更有深度。

焦糖醬

將砂糖加水熬煮至褐色，再加入鮮奶油，就完成焦糖醬了。只要在麵糊裡加入焦糖醬，就能輕鬆完成焦糖風味的磅蛋糕，還可以使蛋糕口感更加柔軟、濕潤。

巧克力淋面

將製菓專用的淋面巧克力融化後，薄薄澆淋在磅蛋糕上，就可以輕鬆完成蛋糕表面的披覆裝飾。除了黑巧克力、牛奶巧克力、白巧克力外，加入檸檬或草莓等香料，種類會更加豐富。有碎末狀的、硬幣狀的，還有積木狀的巧克力。直接置於火爐上加熱的話，恐溫度會過高，務必隔水加熱融化後再淋於蛋糕上。沒用完的巧克力則保存於冰箱，以便下次使用。

隔水加熱的方法

使用一個與鋼盆大約同口徑的鍋子。外鍋太大的話，熱水會溢入裝有巧克力的鋼盆中，而且熱氣也可能瀰漫在巧克力上。相反的，若鋼盆過大的話，鍋子邊緣的熱度會直接傳導至鋼盆上，巧克力的溫度會因此過高。接下來，在鍋裡倒入一半的水，加熱沸騰後熄火，然後再將裝著巧克力的鋼盆置於鍋中，慢慢攪拌直到巧克力完全融化。巧克力溫度若超過45℃以上，會有粗粗的沙粒感，所以請多注意溫度不可過高。

雙倍巧克力

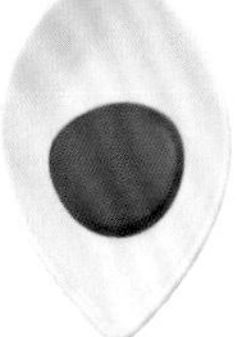

3 elements
添加 —— 塗抹 —— 裝飾

在麵糊裡拌入可可和切成碎末狀的巧克力。
以充滿濃郁巧克力香氣的黑巧克力所製作的雙倍巧克力磅蛋糕。
添加與巧克力十分合拍的柑橘香料，添加有濃烈甜度的三溫糖，
使蛋糕風味更有深度與廣度；拌入杏仁粉可以使蛋糕更滑潤順口。

準備烤模

請參照P.11，
鋪好烤焙紙。

材料

一個長21cm×寬5.5cm×高5cm的
長型磅蛋糕烤模的份量

麵 糊
- 無鹽奶油……55g
- 三溫糖……55g
- 全蛋……60g
- 低筋麵粉……45g
- 發粉……1g（1/3小茶匙）

添加配料
- 杏仁粉（去皮）……15g
- 可可粉……12g
- 黑巧克力……（可可含量55～65%）30g
- 刨絲柳橙皮……1/6個

塗抹醬料
- 君度橙酒……15g
- 淋面巧克力（黑巧克力）……80g

裝 飾
- 可可粉……適量

1 將黑巧克力切碎（照片1）。

2 請參照P.12～P.19，製作滑潤口感的磅蛋糕麵糊。這裡以三溫糖取代砂糖。P.16的步驟1中，將低筋麵粉、發粉和杏仁粉、可可粉一起篩進攪拌盆中。另外，P.17的步驟1中，除了柳橙皮外，請連同1切碎的巧克力一起加進去充分攪拌。

3 脫模後正面朝下，趁熱以毛刷沾君度橙酒塗抹在蛋糕底面以外的部位。然後再立即以保鮮膜包覆，置於陰涼處保存。靜置2～3天後會更加美味。

4 裝飾之前，請先將蛋糕取出，待恢復常溫後再開始作業。

5 裝飾。請參照P.57，以隔水加熱方式融化淋面巧克力。

6 將蛋糕置於鋪有保鮮膜的托盤上。因蛋糕正面朝下，若太膨以致於蛋糕無法平放時，請先將蛋糕轉回正面，以小刀削平。

7 一口氣將融化的巧克力自蛋糕上方淋下去，再迅速以抹刀將巧克力平抹在蛋糕上方與側面（照片2、3）。連同整個托盤在桌面上輕敲一下，讓表面的巧克力看起來更光滑平順。最後置於冰箱中凝固。

8 裁剪一張較蛋糕上方小一號的長方形紙張，置於蛋糕上方的正中央。使用篩子將可可粉撒在上面，然後再拿掉紙張（照片4）。

Variation

同樣在脫模後將正面朝下保存。以湯匙舀起已融化的淋面巧克力，隨機淋在蛋糕上方。再將切成四方塊的橙皮和巧克力裝飾在上頭。最後置於冰箱中凝固。

（照片1）巧克力太大塊的話，會沉入麵糊底部，因此務必將巧克力切小切碎。

（照片2）趁巧克力還溫熱時，立即淋在蛋糕上。若蛋糕溫度太低，巧克力一淋上去就會凝固，因此務必先讓蛋糕恢復常溫。

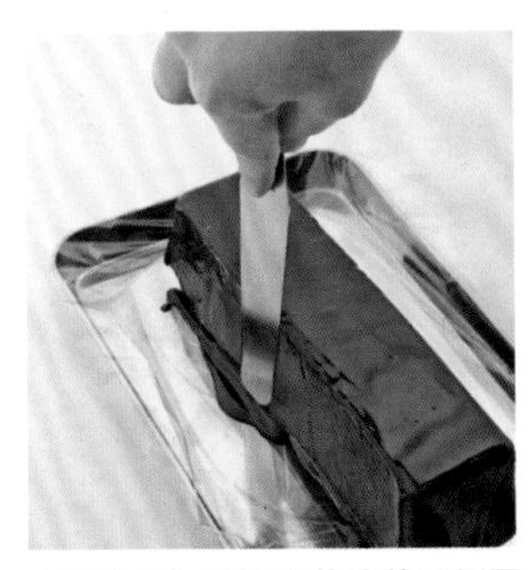

（照片3）以抹刀將滴落至側面的巧克力抹平。

（照片4）將可可粉裝於篩子中，以手指輕敲篩子邊緣慢慢撒下可可粉。請注意不要撒太多。另外，拿掉紙張時，動作要輕柔。

焦糖蘋果

拌合香濃焦糖醬的麵糊裡，
再添加煸炒過的蘋果與蘭姆葡萄。
焦糖醬加上多汁的水果，不僅美味提升，
滑順濕潤口感更是達到頂級。
要強調焦糖醬微微的苦澀味，
煮到有點焦是訣竅。
添加黑棗與核桃的變化款，
淋上披覆牛奶巧克力，味道濃、香、醇。

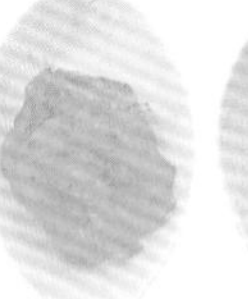
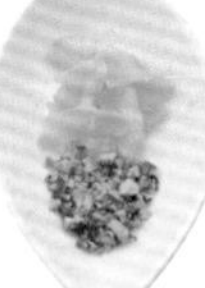

3 elements
添加 ——• 塗抹 ——• 裝飾

準備烤模

請參照P.11，
鋪好烤焙紙。

材料

一個長21cm×寬5.5cm×高5cm的
長型磅蛋糕烤模的份量

麵 糊
- 無鹽奶油……50g
- 三溫糖……50g
- 全蛋……50g
- 低筋麵粉……60g
- 發粉……1g（1/3小茶匙）

添加配料
- 煸炒蘋果
  - 紅玉蘋果*……3/4個（淨重100g）
  - 三溫糖……2小茶匙
- 焦糖醬
  - 鮮奶油……30g
  - 砂糖……25g
  - 水……15g
  - 蘭姆葡萄（市售品）……15g

紅玉：酸味比較明顯的蘋果品種。

塗抹醬料
- 杏桃果醬（濾掉果粒）……10g
- 水……適量

裝 飾
- 蘋果乾、杏仁果……適量
- 防潮糖粉……適量

＊杏仁果先以180℃左右的烤箱烘烤5～10分鐘後再使用。

1 將蘋果以銀杏切＊的方式切成5mm厚的薄片，然後撒上三溫糖。在鍋裡翻炒至軟，靜置一旁待其完全冷卻（照片1）。
＊以一個圓來說，縱切橫切各一刀，切成4等分，切出來像銀杏形狀的切法，即稱為銀杏切。

2 製作焦糖醬。以微波爐將鮮奶油加熱至60℃左右。砂糖與水倒入小鍋子裡，以中火熬煮，砂糖會從鍋子邊緣處逐漸變成焦糖色，所以請慢慢攪拌至整體顏色都呈焦糖色，而當焦糖一變成類似醬油般的深褐色時立刻熄火。接著，將方才溫熱過的鮮奶油分兩次倒進去，並且充分拌合（照片2）。移回至攪拌盆中，待其自然降溫，完全冷卻。

3 請參照P.12～P.19，製作滑潤口感的磅蛋糕麵糊。這裡以三溫糖取代砂糖。P.17的步驟1中，加入**1**煸炒過的蘋果、**2**的焦糖醬和蘭姆葡萄以取代柳橙皮，然後將所有配料攪拌均勻（照片3）。

4 脫模後立即以保鮮膜包覆，置於陰涼處保存。靜置2～3天後會更加美味。

5 裝飾。將杏桃果醬倒入稍微大一些的容器中，加入果醬2成左右的水，以微波爐加熱至沸騰，煮化果醬。將切塊的蘋果乾輕輕沾上煮化的果醬，然後黏貼於蛋糕的側面（照片4）。

6 以毛刷沾上煮化的果醬塗抹於蛋糕的另外一側，將切小塊的杏仁果貼在上面，最後再撒上防潮糖粉就大功告成。

Variation

焦糖棗

材料
煸炒蘋果➕蘭姆葡萄改為
➡切成1cm角塊的棗乾50g
➕烘烤過的核桃20g

製作方法
雖然加入不同的配料，但以同樣方式製作麵糊，烘烤方式也相同。請參照P.57以隔水加熱方式融化淋面巧克力（40g牛奶巧克力），然後淋在烤好的蛋糕上。隨各人喜好將黑棗、核桃、草莓乾、開心果等配料裝飾在上面。最後擺入冰箱中讓巧克力凝固。

（照片1）蘋果切得太大的話，容易沉入麵糊底部，所以盡量切成薄片。關鍵在於將蘋果翻炒至沒有水分為止。

（照片2）會不會過焦了？若覺得顏色過於焦黑，可以再加入一些鮮奶油。為避免燙傷，操作時請務必戴上工作手套。

（照片3）如果焦糖醬尚未完全冷卻就倒入麵糊裡的話，麵糊容易融化，這一點務必特別留意。拌合至所有材料皆呈焦糖色為止。

（照片4）若不希望成品過於甜膩，杏桃果醬只當黏著裝飾配料時的黏著劑使用就好。

3 elements
添加 —— 塗抹 —— 裝飾

熱帶風情磅蛋糕

熱帶水果、杏桃、香橙浸漬在百香果果泥中半天，
製作洋溢南國香氣的法式磅蛋糕。爽口的酸味與多汁的口感，
最適合夏季的一品。

準備烤模

請參照P.11，
鋪好烤焙紙。

材料

一個長21cm×寬5.5cm×高5cm的
長型磅蛋糕烤模的份量

麵 糊

無鹽奶油……50g
砂糖……50g
全蛋……50g
低筋麵粉……50g
發粉……1g（1/3小茶匙）

添加配料

浸漬過的熱帶水果（請參考下表）……全部
刨絲檸檬皮……1/4個

塗抹醬料

糖粉……30g
君度橙酒……12g

裝 飾

芒果乾、鳳梨乾、杏桃乾、香橙皮、
開心果、綠葡萄乾……適量

＊先在容器裡裝入開心果和少量的水，以微波爐加熱15秒左右備用。

1 請參照P.12～P.19，製作滑潤口感的磅蛋糕麵糊。在P.17的步驟1中，以浸漬過的熱帶水果與檸檬皮取代柳橙皮加在麵糊裡，然後充分攪拌均勻。

2 脫模後正面朝下，以保鮮膜包覆，置於陰涼處保存。靜置2～3天後會更加美味。

3 裝飾。蛋糕正面朝下，若太膨以致於蛋糕無法平放時，請先將蛋糕轉回正面，以小刀削平。請參照P.34，將步驟1中的檸檬汁改成君度橙酒製作霜飾，薄薄的塗抹在整個蛋糕的表面（照片1、2）。

4 請參照P.35，將煮過的開心果與果乾裝飾在蛋糕上方，放進烤箱中烘乾蛋糕上方的霜飾，然後待其自然冷卻。

（照片1）使用君度橙酒的話，口感會較為清涼。

（照片2）每個角落都要塗抹君度橙酒，然後趁尚未凝固前，以各式果乾加以裝飾。

製作熱帶水果漬（約1條磅蛋糕份量）

芒果乾……20g
鳳梨果乾……25g
杏桃果乾……25g
香橙皮……10g
百香果果泥……25g

所有果乾全部切成1cm大小，裝在淺容器中。使用剪刀來剪果乾會比較方便。接著，倒入百香果果泥，再用保鮮膜覆蓋在容器上方，放進微波爐中加熱，當容器內的果泥開始咕嘟咕嘟冒泡時，就可以拿出來，然後靜置半天左右。使用2～3種的水果也沒有關係，只要將總重量調整在80g即可。

透過微波爐加熱，可以使果泥迅速滲透至果乾中。

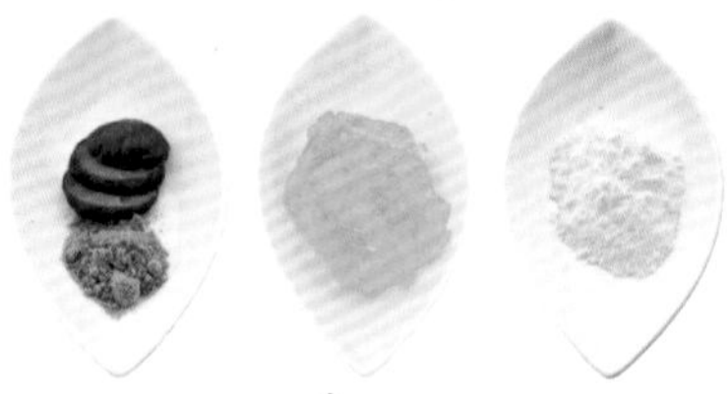

3 elements
添加 → 塗抹 → 裝飾

日本栗與黑糖磅蛋糕

和風組合的磅蛋糕。將帶薄膜的栗子甘露煮切成薄片後平鋪於烤模底部，再倒入麵糊。
脫模後立刻將正面朝下，平鋪於底部的栗子隨即變成最美的裝飾！
黑糖的風味極為濃烈，若希望口感溫和些，關鍵就在於黑糖中要加入三溫糖或普通砂糖。

準備烤模

請參照P.11，
鋪好烤焙紙。

材料

一個長21cm×寬5.5cm×高5cm的
長型磅蛋糕烤模的份量

麵 糊
- 無鹽奶油……50g
- 黑糖（粉末狀）……25g
- 三溫糖（沒有的話，使用砂糖）……25g
- 全蛋……50g
- 低筋麵粉……55g
- 發粉……1g（1/3小茶匙）

添加配料
- 栗子甘露煮（瓶裝）……6顆

塗抹醬料
- 蘭姆酒……15g
- 杏桃果醬（濾掉果粒）……15g
- 水……適量

裝 飾
- 防潮糖粉……適量

1 將栗子甘露煮斜切成3片，小心不要壓碎栗子。小心並排於廚房紙巾上，上頭再覆蓋一層廚房紙巾，確實瀝掉水分。選10片形狀最完整的栗子平鋪於烤模底部（照片1、2）。

2 請參照P.12～P.17，製作滑潤口感的磅蛋糕麵糊。這裡使用黑糖混合三溫糖以取代砂糖。

3 在烤模裡倒入一半的麵糊，以橡皮刮刀將麵糊抹平。將剩下的切片栗子全放進烤模中（照片3）。再以橡皮刮刀抹平，讓麵糊表面的中間稍微向內凹，如同弓的形狀。

4 請參照P.19的烘烤方式，並將烤好的蛋糕自烤模中取出。蛋糕正面朝下，趁熱以毛刷將蘭姆酒塗抹在底面以外的部位。然後立即以保鮮膜包覆，置於陰涼處保存。靜置2～3天後會更加美味。

5 裝飾。蛋糕正面朝下時，若太膨以致於蛋糕無法平放時，請先將蛋糕轉回正面，以小刀削平。請參照P.20的步驟1、2，僅在蛋糕上方塗抹杏桃果醬，並將防潮糖粉撒在蛋糕兩側邊緣（照片4）。

（照片1）充分拭去栗子甘露煮的水分後再使用。

（照片2）因最後成品是底部朝上，所以平鋪切片栗子時，請發揮想像力。

（照片3）麵糊中間夾著栗子，加強口感與栗子風味。

（照片4）若不想過於甜膩，或者不想過於強調果醬的味道，僅將果醬塗抹於蛋糕上方就好。

咖啡與
焦糖堅果
磅蛋糕

3 elements
添加 —— 塗抹 —— 裝飾

咖啡香料的麵糊裡夾著以焦糖醬拌合的堅果，
一款充滿大人成熟氣息的蛋糕。
想強調清脆堅果與黏糊焦糖醬的口感時，
勿將堅果拌入麵糊裡，而是改成與麵糊交錯放入烤模裡。

準備烤模

請參照P.11，
鋪好烤焙紙。

材料

一個長21cm×寬5.5cm×高5cm的
長型磅蛋糕烤模的份量

麵 糊
- 無鹽奶油……50g
- 三溫糖……50g
- 全蛋……50g
- 低筋麵粉……60g
- 發粉……1g（1/3小茶匙）

添加配料
- 即溶咖啡（粉末狀）……5g
- 山核桃、榛果……共40g
- 焦糖醬
  - 鮮奶油……30g
  - 砂糖……30g
  - 水……15g

塗抹醬料
- 糖粉……20g
- 即溶咖啡（粉末狀）……極少量
- 水……必要量

裝 飾
- 榛果……適量

＊添加配料中的堅果類，僅使用單一種也可以。

1 添加配料的山核桃與榛果，以及裝飾用的榛果，先以180℃的烤箱烘烤8分鐘，而添加配料用的堅果則事先切碎（粗碎）。

2 製作焦糖醬。以微波爐將鮮奶油加熱至60℃左右。砂糖與水倒入小鍋子裡，以中火熬煮，砂糖會從鍋子邊緣處逐漸變成焦糖色，所以請慢慢攪拌至整體顏色都呈焦糖色，當變成布丁焦糖般的褐色時立刻熄火。接著，將方才溫熱過的鮮奶油分兩次倒進去，並且充分拌合。

3 移回至攪拌盆中，將剛才切碎的堅果加進去，以湯匙充分拌合，靜置一旁待其完全冷卻（照片1）。

4 請參照P.12～P.17，製作滑潤口感的磅蛋糕麵糊。這裡以三溫糖取代砂糖。P.16步驟1中，將低筋麵粉、發粉和即溶咖啡粉一起篩進攪拌盆中，並且充分攪拌均勻。

5 在烤模裡倒入1/3的麵糊，以橡皮刮刀將麵糊表面抹平，再平鋪一層以焦糖醬拌合的堅果（1/3的量就好）。重複同樣的作業，平鋪三層麵糊與三層堅果（照片2）。最後一層的堅果不要平鋪於整個蛋糕上方，在正中央排成一直線就好。

6 請參照P.19的烘烤方式，並將烤好的蛋糕自烤模中取出。以保鮮膜包覆，置於陰涼處保存。靜置2～3天後會更加美味。

7 裝飾。請參照P.21的步驟1，以即溶咖啡粉取代檸檬汁，以少量的水溶解咖啡粉，然後加入3～4g的可溶糖粉，製作成膏狀霜飾（照片3）。以小茶匙舀起膏狀霜飾隨意在蛋糕上方拉出線條，趁霜飾未乾前，將烘烤過的榛果黏上去，靜置一旁待其凝固（照片4）。

（照片1）堅果若尚未完全冷卻就夾在麵糊裡的話，麵糊會融化，所以務必冷卻後再使用。

（照片2）若想強調焦糖醬的風味與堅果的口感，不要將堅果拌入麵糊裡，改以交錯平鋪的方式處理。

（照片3）將黏稠度調整至湯匙舀起來後會滴垂的程度為原則。

（照片4）像畫斜線的方式將霜飾滴在蛋糕上方，並且以切片的堅果裝飾。

3 elements
添加 —— 塗抹 —— 裝飾

蘋果楓糖磅蛋糕

將撒上黑糖的切片蘋果整齊鋪滿烤模底部，再倒入與蘋果絕配的楓糖風味麵糊。
脫模後底部朝上，整齊排列的蘋果切片讓外觀更顯可愛迷人，
蘋果汁滲透至麵糊中，增添濕潤豐富的口感。

準備烤模

請參照P.11，
鋪好烤焙紙。

材料

一個長21cm×寬5.5cm×高5cm的
長型磅蛋糕烤模的份量

麵 糊
- 無鹽奶油……50g
- 楓糖（粉末狀）……25g
- 三溫糖或砂糖……25g
- 全蛋……50g
- 低筋麵粉……55g
- 發粉……1g（1/3小茶匙）

添加配料
- 紅玉蘋果……1/2個
- 黑糖（沒有的話，使用三溫糖）……1/2小茶匙
- 杏仁……20g

塗抹醬料
- 杏桃果醬（濾掉果粒）……15g
- 水……適量

裝 飾
- 杏仁果……適量
- 防潮糖粉……適量

1 將添加配料用與裝飾用的杏仁以180℃的烤箱烘烤8分鐘，而添加配料用的杏仁事先切碎（粗碎）。

2 蘋果削皮，拿掉蘋果核，切成9～10片。放在寬口徑的容器中，撒上黑糖後以保鮮膜包覆，放進微波爐中加熱1分半，在不拿掉保鮮膜的狀態下，靜置至完全冷卻（照片1）。

3 切片蘋果冷卻後平鋪於烤模底部（照片2）。

4 請參照P.12～P.19，製作滑潤口感的磅蛋糕麵糊。這裡以楓糖與三溫糖取代砂糖。P.17步驟1中，以切碎的杏仁取代柳橙皮，加入麵糊後充分攪拌均勻，然後倒入平鋪切片蘋果的烤模中（照片3）。

5 脫模後底部朝上，以保鮮膜包覆起來，置於陰涼處保存。靜置2～3天後會更加美味。

6 裝飾。蛋糕正面朝下，若因為太膨以致於蛋糕無法平放時，請先將蛋糕轉回正面，以小刀削平。

7 請參照P.20，僅蛋糕上方薄薄的塗抹一層杏桃果醬（照片4）。在蛋糕的單側邊緣黏上切碎的杏仁，最後再撒上防潮糖粉。

（照片1）為了能夠平均受熱，將蘋果切片時，盡可能厚度、大小一致。

（照片2）最後成品會是底部朝上，所以平鋪切片蘋果時，要在腦中想像一下蛋糕外觀的畫面。

（照片3）倒入麵糊時，小心不要移動平鋪於底下的切片蘋果，平均的將麵糊覆蓋在蘋果上。

（照片4）若不希望過於甜膩，或者不希望果醬味道太濃郁，僅在蛋糕上方薄薄塗抹一層果醬就好。

pain au
Le papier
WELL
Pour

各種不同形狀的烤模，增添蛋糕的多樣化外型

即使食材一模一樣，只要烤模的形狀不同，出爐的蛋糕給人的印象也會煥然一新。
使用喜歡的烤模，搭配外型盡情享受裝飾之樂。

迷你磅蛋糕烤模

最適合作為小禮物贈送給親友的迷你磅蛋糕。12cm×5.5cm大小的迷你磅蛋糕烤模，以本書的食譜（一條正常尺寸磅蛋糕的份量）正好可以烤出2個迷你磅蛋糕。因為烤模小，受熱快，所以烘烤時間請調整為25分鐘左右就好。

檸檬蛋糕烤模

用小模型烤蛋糕，可以做出許多圓滾滾的可愛磅蛋糕！以檸檬形狀的烤模來烤個檸檬風味的磅蛋糕吧。若是長約8cm的檸檬形狀烤模，以本書的食譜（一條正常尺寸磅蛋糕的份量）可以烤出7個，烘烤時間大約15分鐘。準備烤模時，先在烤模內部塗抹奶油，再撒上高筋麵粉。另外還有馬芬型、布里歐修型等各種形狀的烤模，大家可以嘗試看看。

咕咕洛夫烤模

模擬皇冠外型的咕咕洛夫烤模，烤出來的蛋糕非常時尚且華麗。因中央部位開了個洞，火力從中間通過，麵糊容易均勻受熱。若是直徑約14cm的咕咕洛夫烤模，以本書的食譜（一條正常尺寸磅蛋糕的份量）正好也可以烤出1個，烘烤時間也一樣。另外，因為不容易鋪上烤焙紙，準備烤模時，要先在烤模內部塗抹奶油，再撒上高筋麵粉。出爐後，再用霜飾和果乾加以裝飾，整體外觀會更加華美。

以其他烤模製作蛋糕時，麵糊的份量該如何拿捏？

即便烤模形狀不同，只要容量一樣，就按照本書的食譜去製作即可。若容量不同的話，只要估算容量比，就能夠輕鬆算出所需的麵糊份量。

至於難以計算容量的環狀烤模，建議先在烤模中裝滿水，量測水的重量。本書所使用的長型烤模，可裝入大約450g的水。在想要使用的烤模中裝水，然後量測水的重量，若是450g的一半，就將食譜中的份量減半；若是2倍重，就將食譜的份量加倍。

但要特別注意一點，烘烤時間並非依比例增減。不要仰賴計算出來的數字，要在烤箱邊觀察，邊確認蛋糕的情況邊調整時間。

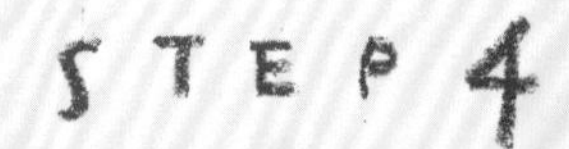

一條磅蛋糕裡兩種截然不同的麵糊，
像甜點主廚般

挑戰進階版
法式磅蛋糕！

兩種色香味完全不同的麵糊、
大理石花紋、
職業等級的外觀、
一口蛋糕多重口味，
讓我們一起來挑戰進階版的法式磅蛋糕吧！
將拌合好的麵糊分成兩半，
只在半邊加入香料，
所以只要能夠確實作好基本麵糊，
肯定成功在望，不會失敗。

Challenge

兩層麵糊交疊

將兩種不同的麵糊交疊在一起，可以同時享受兩種截然不同的風味與色彩。建議在兩種不同的麵糊中間夾一些比較具有口感的配料食材。若將抹茶或可可等粉末狀的香料直接加入麵糊裡，攪拌過程中可能會結塊，建議先加點水攪拌成膏狀之後再加進麵糊裡。

有顆粒的淋面巧克力

淋面巧克力的製作技巧也要升級。在融化的巧克力中加入切碎的堅果與冷凍莓乾，不僅提升口感的層次，外觀也更加時尚。

大理石花紋

兩種不同的麵糊交疊在一起，只要輕輕攪拌一下，就可以呈現大理石花紋。訣竅在於顏色較深的麵糊不要過多，並且不要過度攪拌。過度攪拌的話，兩種顏色會完全混雜在一起而變成另外一種顏色，也看不出任何大理石花紋。

杏仁膏裝飾

如同捏黏土般可以創作出各種喜歡圖案的杏仁膏，裝飾在磅蛋糕上讓整體外觀更加華麗。可以在烘焙原料店中購買，只要加入食用色素，就能夠自由變換顏色。

花飾的製作方法

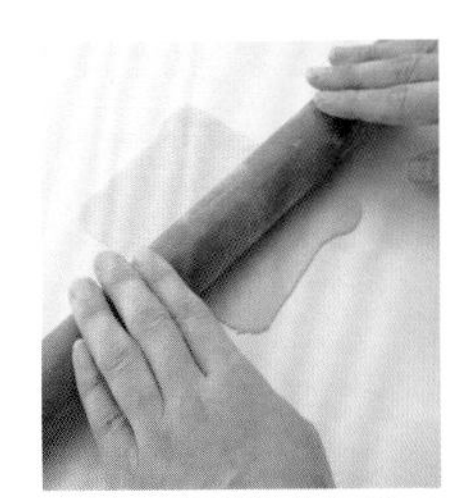

1 使用防潮糖粉取代手粉，以擀麵棍將杏仁膏擀平。

2 使用糖飾專用或蛋糕專用的花型切模壓出花片。

3 以少量的水溶解紅色食用色素，然後慢慢加進杏仁膏中，讓原本白色的杏仁膏變成粉紅色。揉成小圓球，壓進花片中央。

草莓牛奶之大理石磅蛋糕

以檸檬風味的麵糊為底，
再加入拌有草莓醬的麵糊，
製作粉紅色的大理石磅蛋糕。
切塊的草莓乾讓口感更有層次。
以添加顆粒狀冷凍草莓乾的白巧克力作為淋面巧克力，
最後再以杏仁膏花飾點綴，整體外觀充滿女性氣息。

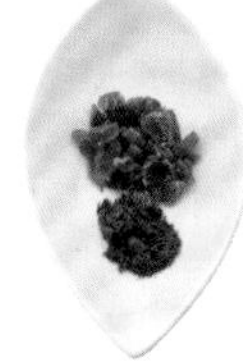
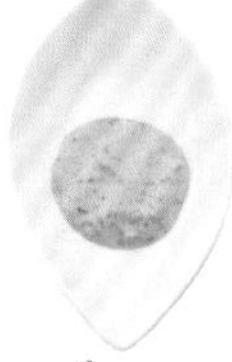

3 elements

添加 —— 塗抹 —— 裝飾

準備烤模

請參照P.11，
鋪好烤焙紙。

材料

一個長21cm×寬5.5cm×高5cm的
長型磅蛋糕烤模的份量

麵 糊

- 無鹽奶油……60g
- 砂糖……60g
- 全蛋……60g
- 低筋麵粉……65g
- 發粉……1g（1/3小茶匙）

添加配料

- 刨絲檸檬皮……1/4個
- 草莓醬
  - 白巧克力……20g
  - 牛奶……8g
  - 冷凍草莓乾（粉末狀）……3g
  - 紅色色素……極少量（沒有也無妨）
- 草莓乾（切成1cm大小）……20g

塗抹醬料

- 淋面巧克力（白巧克力）……80g
- 冷凍草莓乾（整顆）……4g

裝 飾

- 杏仁膏花飾（請參照P.73）……4個
- 冷凍草莓乾（整顆、切片）……適量

1 製作草莓醬。將切碎的白巧克力與牛奶加在一起，並以微波爐加熱數秒，當牛奶開始起泡時，就自微波爐中取出。使用小型打蛋器將將材料充分攪拌至滑順，然後加入粉末狀的冷凍草莓乾與食用紅色色素（照片1）。

2 請參照P.12～P.17，製作滑潤口感的磅蛋糕麵糊。在P.17步驟1中，以檸檬皮取代柳橙皮。

3 只取30g的麵糊，與1的草莓醬充分拌合在一起。剩下的麵糊中則加入切成1cm大小的草莓乾。

4 將1/3的白色麵糊倒入烤模中，以橡皮刮刀抹平。接著鋪上一半的草莓麵糊，同樣以橡皮刮刀抹平表面（照片2）。然後再倒入1/3的白色麵糊，以及另外一半的草莓麵糊。最後將剩下的白色麵糊也倒進去，以橡皮刮刀抹平後，讓中央部位呈弓形向內凹。

5 拿筷子對著烤模垂直插入，像畫漩渦般繞三圈（照片3）。

6 請參照P.19的烘烤方式，並將烤好的蛋糕自烤模中取出。蛋糕正面朝下，以保鮮膜包覆，置於陰涼處保存。靜置2～3天後會更加美味。裝飾前請先讓蛋糕恢復常溫後再開始作業。

7 裝飾。蛋糕正面朝下，若因為太膨以致於蛋糕無法平放時，請先將蛋糕轉回正面，以小刀削平。

8 請參照P.57，以隔水加熱方式融化淋面巧克力，然後加入切碎的冷凍草莓乾，充分攪拌均勻。

9 一口氣將融化的巧克力自蛋糕上方淋下去，然後迅速以抹刀將巧克力平抹在蛋糕上方與側面（照片4）。連同整個托盤在桌面上輕敲一下，讓表面的巧克力看起來更光滑平順。然後再擺上杏仁膏花飾、切片的冷凍草莓乾，最後置於冰箱中凝固就大功告成。

（照片1）加入微量食用紅色色素，顏色就會改變。沒有色素的話就省略不用。

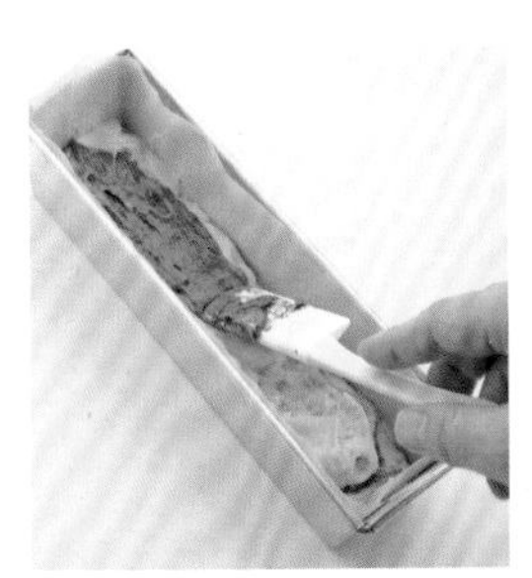

（照片2）分批加入草莓麵糊，並且用橡皮刮刀抹平。

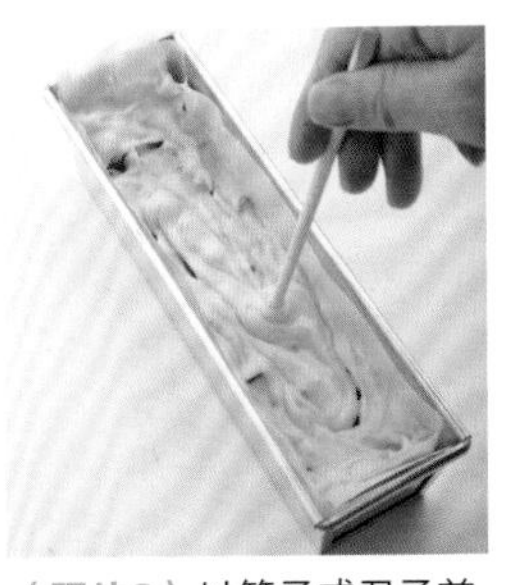

（照片3）以筷子或刀子前端垂直插入烤模中，像畫漩渦般繞圈攪拌。注意不要攪拌過度。

（照片4）趁尚未凝固前，迅速以抹刀抹平。

抹茶與黑豆之雙色磅蛋糕

基本麵糊加上抹茶風味麵糊製作而成的法式磅蛋糕。
分明的對比色中夾著黑豆製成的甘納豆*，口感更加清爽。
一點點巧思，加入黑糖與黑芝麻，就可以變身成充滿獨特風味的
大理石磅蛋糕。

*甘納豆：以大量砂糖醃漬花生或豆類所製成的糖漬和菓子。

芝麻大理石磅蛋糕
Variation

抹茶與黑豆之雙色磅蛋糕

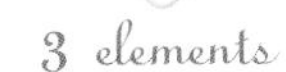

3 elements

添加 → 塗抹 → 裝飾

準備烤模

請參照P.11，
鋪好烤焙紙。

材料

一個長21cm×寬5.5cm×高5cm的
長型磅蛋糕烤模的份量

麵 糊
- 無鹽奶油……60g
- 砂糖……60g
- 全蛋……60g
- 低筋麵粉……65g
- 發粉……1g（1/3小茶匙）

添加配料
- 抹茶醬
  - 抹茶……4g
  - 水……12g
- 黑豆製成的甘納豆……50g

塗抹醬料
- 糖粉……30g
- 抹茶……1g
- 水……5～6g

裝 飾
- 白巧克力（切成8mm角塊）……5個

1 製作抹茶醬。分兩次將水加進裝有抹茶的容器中，充分攪拌至抹茶醬呈滑順的膏狀（照片1）。

2 請參照P.12～P.17，製作滑潤口感的磅蛋糕麵糊，但這裡不加柳橙皮。

3 將麵糊平均分成兩半，其中一半加入**1**的抹茶醬，然後充分拌勻（照片2）。

4 將抹茶麵糊倒入烤模中，以橡皮刮刀抹平，然後將黑豆製成的甘納豆分散在麵糊上，並且輕輕壓入麵糊中。接著倒入另外一半的基本麵糊，以橡皮刮刀抹平後，輕輕的讓中央部位呈弓形向內凹（照片3）。

5 請參照P1.9的烘烤方式，並將烤好的蛋糕自烤模中取出。蛋糕正面朝下，以保鮮膜包覆，置於陰涼處保存。靜置2～3天後會更加美味。

6 請參照P.21裝飾蛋糕。在步驟1中，以抹茶取代檸檬汁。先以少量的水溶解抹茶粉，邊留意黏稠度邊慢慢加入糖粉，製作霜飾。步驟3中，以白巧克力取代柳橙皮作外觀裝飾，最後靜置一旁待其凝固（照片4）。

Variation

芝麻大理石磅蛋糕

麵糊材料

砂糖60g改為
➡ 砂糖30g ＋ 黑糖（粉末）30g

抹茶醬改為
➡ 研磨過的芝麻10g ＋ 黑芝麻醬10g

製作方法

若以砂糖和黑糖製作相同的麵糊，取50g出來，加入研磨過的黑芝麻及黑芝麻醬，充分攪拌均勻。將1/3變成淺褐色的麵糊倒入烤模中，以橡皮刮刀抹平。接著倒入1/3加有芝麻的麵糊，輕輕抹平麵糊表面。重複兩次同樣的動作，倒入1/3淺褐色麵糊，接著倒入1/3芝麻麵糊，最後以橡皮刮刀抹平，並且輕輕的讓中央部位呈弓形向內凹。以筷子等前端垂直插入烤模中，像畫漩渦般繞三圈攪拌。出爐後，同樣製作霜飾，但不加入抹茶，在蛋糕上方擠出線條，最後再撒上黑芝麻就大功告成。

（照片1）將水一次性加入的話，容易結塊，所以一次加入一半，溶解後再加入一半。

（照片2）充分攪拌直到整體皆呈抹茶色。

（照片3）若沒有黑豆製成的甘納豆，使用紅豆製成的甘納豆也可以。均勻撒在整個麵糊上。

（照片4）待霜飾凝固後，吃起來會有清脆的口感。

堅果糖咖啡磅蛋糕

以咖啡麵糊和可可麵糊製作出時尚的大理石圖紋，
再以添加清脆口感堅果糖在內的黑巧克力披覆在外。
充滿濃郁的風味，時尚的外觀，
最適合當作情人節或秋冬節慶的贈禮。

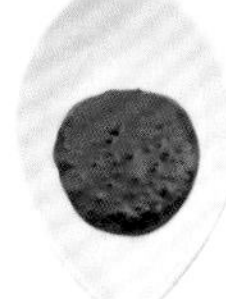

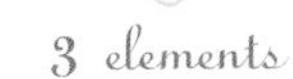

3 elements

添加 —— 塗抹 —— 裝飾

準備烤模

請參照P.11，
鋪好烤焙紙。

材料

一個長21cm×寬5.5cm×高5cm的
長型磅蛋糕烤模的份量

麵 糊
- 無鹽奶油……60g
- 砂糖……60g
- 全蛋……60g
- 低筋麵粉……65g
- 發粉……1g（1/3小茶匙）

添加配料
- 即溶咖啡（粉末狀）……3g
- 核桃……30g
- 可可醬
  - 可可粉……3g
  - 水……7g

塗抹醬料
- 淋面巧克力（黑巧克力）……80g
- 堅果糖……20g

裝 飾
- 山核桃……適量
- 黑巧克力（切成8mm塊狀）……4個
- 防潮糖粉……必要時適量

＊這裡的堅果糖用的是市售的裹上焦糖的杏仁。若沒有的話，使用烘烤過的杏仁碎塊也可以。

1 將添加配料用的核桃與裝飾用的山核桃以180℃的烤箱烘烤8分鐘左右，冷卻後切碎（粗碎）。

2 製作可可醬。分兩次將水加進裝有可可粉的容器中，充分攪拌至可可醬呈滑順的膏狀。

3 請參照P.12～P.17，製作滑潤口感的磅蛋糕麵糊，但這裡不加柳橙皮，在P.16步驟1中，將即溶咖啡粉與低筋麵粉、發粉一起過篩至攪拌盆中。

4 取30g的麵糊，加入**2**的可可醬，充分攪拌均勻（照片1）。再將切碎的核桃加入剩餘的麵糊中，充分拌勻。

5 將1/3加了核桃的麵糊倒入烤模中，以橡皮刮刀抹平。接著倒入1/2的可可麵糊，輕輕抹平麵糊表面。重複同樣的動作，倒入1/3加了核桃的麵糊，接著倒入剩下的可可麵糊，最後再倒入剩餘的加了核桃的麵糊，以橡皮刮刀抹平，並且輕輕的讓中央部位呈弓形向內凹。

6 以筷子等前端垂直插入烤模中，像畫漩渦般繞三圈攪拌（照片2）。

7 請參照P.19的烘烤方式，並將烤好的蛋糕自烤模中取出。蛋糕正面朝下，以保鮮膜包覆，置於陰涼處保存。靜置2～3天後會更加美味。裝飾之前，請先將蛋糕取出，待恢復常溫後再開始作業。

8 裝飾。蛋糕正面朝下，若因為太膨以致於蛋糕無法平放時，請先將蛋糕轉回正面，以小刀削平。

9 請參照P.57，以隔水加熱方式融化淋面巧克力，然後加入堅果糖，充分攪拌均勻（照片3）。

10 一口氣將融化的巧克力自蛋糕上方淋下去，然後迅速以抹刀將巧克力平抹在蛋糕上方與側面（照片4）。連同整個托盤在桌面上輕敲一下，讓表面的巧克力看起來更光滑平順，接著置於冰箱中凝固。

11 將**10**中剩下的巧克力再度加熱融化，拿山核桃和切塊的巧克力沾上一點點融化的巧克力，黏合在蛋糕上方。拿尺貼近蛋糕上方，在單側撒上防潮糖粉就大功告成。

（照片1）將水一次性加入的話，可可粉容易結塊，所以先加一半的水，當可可粉溶成膏狀時再加入另外一半。

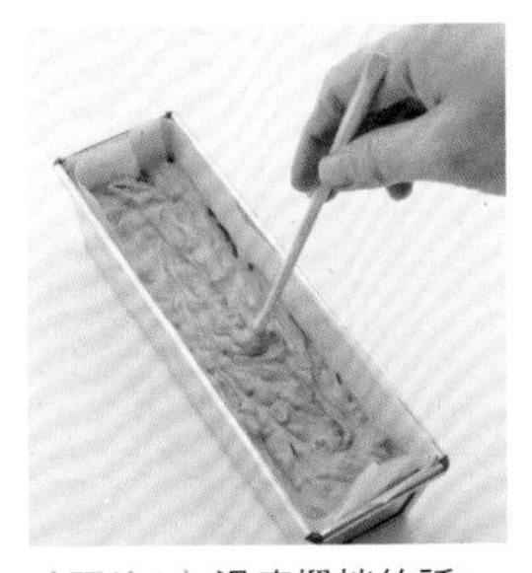

（照片2）過度攪拌的話，整體都會變成可可色，所以三圈就好。

（照片3）充滿清脆口感與濃郁的香味。咖啡與可可在性質上相當合拍。

（照片4）若磅蛋糕溫度過低的話，淋面巧克力一淋上去就會立即凝固，所以務必恢復常溫後再處理。俐落的將滴落下來的巧克力工整的平抹在側面。

TITLE

真的簡單！第一次就烤出香濃磅蛋糕

STAFF

出版　瑞昇文化事業股份有限公司
作者　熊谷裕子
譯者　龔亭芬

總編輯　郭湘齡
責任編輯　黃思婷
文字編輯　黃美玉　莊薇熙
美術編輯　謝彥如
排版　二次方數位設計
製版　昇昇興業股份有限公司
印刷　桂林彩色印刷股份有限公司
法律顧問　經兆國際法律事務所　黃沛聲律師

戶名　瑞昇文化事業股份有限公司
劃撥帳號　19598343
地址　新北市中和區景平路464巷2弄1-4號
電話　(02)2945-3191
傳真　(02)2945-3190
網址　www.rising-books.com.tw
Mail　resing@ms34.hinet.net

本版日期　2017年10月
定價　250元

國家圖書館出版品預行編目資料

真的簡單!第一次就烤出香濃磅蛋糕 / 熊谷裕子著；龔亭芬譯. -- 初版. -- 新北市：瑞昇文化, 2015.11
80　面；21 x 25.7　公分
ISBN 978-986-401-059-2(平裝)
1.點心食譜

427.16　104022786

國內著作權保障，請勿翻印 ／ 如有破損或裝訂錯誤請寄回更換
IKINARI PURO KYUU ! HAJIMETE NO CAKE
© YUKO KUMAGAI 2015
Originally published in Japan in 2015 by ASAHIYA SHUPPAN CO.,LTD..
Chinese translation rights arranged through DAIKOUSHA INC.,KAWAGOE.